新编畜禽饲养员培训教程系列丛书

新编肉牛饲养员培训教程

◎ 尹绪贵　主编

中国农业科学技术出版社

图书在版编目（CIP）数据

新编肉牛饲养员培训教程 / 尹绪贵主编 . —北京：
中国农业科学技术出版社，2017.9
　ISBN 978-7-5116-3126-8

　Ⅰ . ① 新… Ⅱ . ① 尹… Ⅲ . ① 肉牛—饲养管理—技术
培训—教材　Ⅳ . ① S823.9

　中国版本图书馆 CIP 数据核字（2017）第 210448 号

责任编辑　张国锋
责任校对　马广洋

出 版 者　中国农业科学技术出版社
　　　　　北京市中关村南大街 12 号　邮编：100081
电　　话　（010）82106636（编辑室）（010）82109702（发行部）
　　　　　（010）82109709（读者服务部）
传　　真　（010）82106631
网　　址　http：//www.castp.cn
经 销 者　各地新华书店
印 刷 者　北京富泰印刷有限责任公司
开　　本　880mm×1 230mm　1/32
印　　张　6.125
字　　数　176 千字
版　　次　2017 年 9 月第 1 版　2017 年 9 月第 1 次印刷
定　　价　28.00 元

编写人员名单

主　　编　尹绪贵

副 主 编　李连任　闫益波

编写人员　闫益波　李连任　李　童　庄桂玉

　　　　　侯和菊　李长强　季大平　王立春

　　　　　尹绪贵　朱　琳

前言

进入 21 世纪，畜禽养殖业集约化程度越来越高，设施越来越先进，饲料营养水平越来越科学。通过多年不断从国外引进种畜禽良种和选育、扩繁、推广，我国主要种畜禽遗传性能得到显著改善。但是，由于饲养管理和疫病等问题导致优良畜禽良种生产潜力得不到充分发挥，养殖效益滑坡甚至亏损的情形时有发生。因此，对处在生产一线的饲养员要求越来越高。

但是，一般的畜禽场，即使是比较先进的大型养殖场，因为防疫等方面的需要，多处在比较偏僻的地段，交通不太方便，对饲养员的外出也有一定限制，生活枯燥、寂寞；加上饲养员工作环境相对比较脏，劳动强度大，年轻人、高学历的人不太愿意从事这个行业，因此，从事畜禽饲养员工作的以中年人居多，且流动性大，专业素质相对较低。因此，编者从实用性和可操作性出发，用通俗的语言，编写一本技术先进实用、操作简单可行，适合基层饲养员学习参考的教材，是畜禽养殖从业者的共同心声。

正是基于这种考虑，我们组织农业科研院所专家学者、职业院校教授和常年工作在畜禽生产一线的技术服务人员，从各种畜禽饲养员的岗位职责和素质要求入手，就品种与繁殖利用、营养与饲料、饲养管理、疾病综合防制措施等方面的内容，介绍了现代畜禽生产过程中的新理念、新技术、新方法。每个章节都给读者设计了知识目标和技能要求；在为培训人员设置的技能训练项目中，提出了具体的目的要求、训练条件、操作方法和考核标准；为饲养员设计了思考与练习题目，方便培训时使用。

本书可作为基层养殖场培训饲养员的专用教材或中小型养殖场、各类养殖专业合作社工作人员及农村养殖专业户自学使用，亦可供农业大中专院校相关专业师生阅读参考。

由于作者水平有限，书中难免存在纰缪。对书中不妥、错误之处，恳请广大读者不吝指正。

编　者
2017 年 5 月

目　录

第一章 肉牛饲养员职责与具备的基础知识

知识目标

　　1. 了解肉牛饲养员的岗位职责和素质要求。

　　2. 理解肉牛的生长发育规律。

　　3. 掌握肉牛的消化特点。

技能要求

　　能根据齿式排列和磨损情况，判断牛的年龄。

第一节　肉牛饲养员职责

一、肉牛饲养员的岗位职责

　　饲养员作为养殖场的一员，首先应遵纪守法，遵守场内规章制度，爱护牛只和公用财物，不把公共财物占为己有。按操作规程办事，依照场内制定的肉牛养殖技术操作规程饲养。服从场领导工作分配，服从技术员技术指导，忠于职守、不怕脏、不怕累做好本职工作。在生

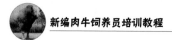

产中应履行以下岗位职责。

① 每天认真打扫圈舍，保证牛舍、牛栏、饮水设备、饲槽的清洁卫生。

② 喂草、喂料时要仔细观察牛只采食行为和粪便，发现病牛及其他异常情况应及时处理并向上级汇报。

③ 做好基础饲养管理工作，发现牛只有混群、顶撞、挤压，及时分开。特别注意防止公牛乱配。

④ 投料标准严格按照技术员制订的计划执行。发现腐败变质饲料及时捡出，不得喂给牛群。

⑤ 严格遵守养殖场制订的日常作息制度，按工作程序及技术规程进行操作。

⑥ 协助技术员作好驱虫、防疫、消毒等工作。

⑦ 圈舍内设施损坏时须及时维修，尤其要保障饮水器饲槽等的正常使用。

⑧ 每次喂料结束后应将饲槽内剩余的饲料回收，减少浪费。饲喂前清理饲槽，保证饲料的新鲜。投喂饲草料时少加勤添。

⑨ 爱护牛群，不得打骂，严禁在牛舍内大声喧哗，嬉闹。

⑩ 认真填写各类报表，积累各项生产指标、数据，字迹工整、清晰，不得涂改。

二、肉牛饲养员的素质要求

① 认真负责，热爱养牛工作，爱岗敬业。合作互助，具有团队精神。

② 对本职工作尽职尽责，熟练地掌握所饲养牛只的生理发育特点，饲养管理基本要求。认真执行饲养规程，养成遵守操作规程和安全生产，文明饲养的习惯。工作中应积极主动，善于动脑筋，敢于提出合理化建议，并不断提高技术水平。

③ 爱护公用财物，节约生产物资，增收节支。

第二节　肉牛饲养员须具备的基础知识

一、肉牛的生长发育规律

1. 肉牛体重增长的一般规律

肉牛的增重，一般在 12 月龄以前生长速度最快，以后明显变慢，近成熟时生长速度很慢。随着年龄的增长，肌纤维变粗，肌肉的嫩度逐渐下降。在胴体中骨骼所占比例逐渐下降，肌肉所占比例是先增加后下降，脂肪比例则持续增加。同时，在饲料利用效率方面，增重快的牛比增重速度慢的要高。如在犊牛期，用于维持需要的饲料，日增重 800 克的犊牛为 47%，而日增重 1 100 克的犊牛只有 38%。

牛的增重速度除受遗传、饲养管理、年龄等因素影响，还与性别有关。公牛增重最快，其次是阉牛，母牛增重最慢。饲料转化率也以公牛最高。

（1）饲养水平的影响　饲养水平下降，牛的日增重也随之下降，同时也降低了肌肉、骨骼和脂肪的生长（表 1-1）。特别在肥育后期，随着饲养水平的降低，脂肪的沉积数量大为减少。

（2）性别的影响　当牛进入性成熟（8~10 月龄）以后，阉割可以使生长速度下降。有资料介绍，在牛体重 90~550 千克，阉割以后减少了胴体中瘦肉和骨骼的生长速度，但却增加了脂肪在体内的沉积速度。尤其在较低的饲养水平下，脂肪组织的沉积程度阉牛远远高于公牛（表 1-1）。

表 1-1　性别和饲养水平对公阉牛增重的影响

性别	公牛			阉牛		
饲养水平	100	85	70	100	85	70
日增（克）	1 183	1 063	857	973	875	755
瘦肉增重（克/天）	33	408	349	317	303	268
脂肪增重（克/天）	154	101	61	163	125	93

（续表）

性别	公牛			阉牛		
饲养水平	100	85	70	100	85	70
骨骼增重（克/天）	102	96	82	81	79	68

注：饲料水平是指达到营养标准的百分数

（3）品种和类型的影响　不同品种和类型的牛体重增长的规律也不一样，见表1-2。

表1-2　不同品种肉牛的生长比较

品种	头数	7月龄活重（千克）	13月龄活重（千克）	日增重（千克）	眼肌面积（平方厘米）	Fu/千克增重
西门塔尔	33	353	655	1 659	82.8	8.16
安格斯	11	266	551	1 562	74.1	8.55
海福特						
短角	1	255	511	1 407	67.7	7.85
夏洛莱	31	334	626	1 605	85.1	8.5
利木赞	31	289	555	1 466	86.2	7.79

注：Fu为大麦饲料单位，含增重净能1 250大卡

因此，在饲养肉牛时要充分利用其生长发育速度快的时期，使其达到充分生长。在生长发育快的阶段，体组成中蛋白质含量高，水分含量高，脂肪含量少，因此肉牛对饲料的利用率相应提高。另外，饲养生长期的公、母牛应区别对待，给予公牛以较高水平的营养，使其充分发育。

2. 犊牛体重增长的规律

体重是表示肉牛生长发育状态的最常用指标。肉用犊牛的体重增长规律分为一般规律、补偿增长规律和体重增长不平衡性3个规律。

（1）一般规律　犊牛出生前和出生后体重增长的一般规律不同。

① 出生前体重的增长。胎儿在前4个月生长速度缓慢，以后加快，分娩前的速度最快。胎儿阶段各部分的生长具有明显的不均衡性，用以维持生命需要的重要器官（如头、内脏、四肢骨等）发育较快，

而肌肉、脂肪增长较慢。由于初生犊牛的肌肉、脂肪和体躯等生产目的所必需的部分发育较差，所以，初生牛犊作肉用是不经济的。

②出生后体重的增长。在保证充足营养的条件下，体重在性成熟时呈加速增长趋势，到发育成熟时增重则逐渐变慢，即12月龄前的牛生长速度很快，以后逐渐变慢。在肉牛性发育成熟、生长速度变慢时，适时屠宰较为经济，一般肉牛在体成熟1.5~2岁时屠宰，就是这个道理。

（2）补偿增长　肉用犊牛在生长发育的某阶段，因营养不足而使生长速度下降，但在后期某个阶段恢复高营养水平时，则生长速度比正常饲养的牛要快，经过一段时期后，仍能恢复正常体重，肉牛生长中的这种特性叫补偿增长，这足以说明肉牛生长规律不是反映在年龄上的。

肉牛在补偿生长阶段，补偿生长牛的生长速度、采食量、饲料利用率均高于正常生长的牛，架子牛育肥常常获得较好的经济效益，就是因为这一原因。在补偿生长的牛与正常生长的牛达到相同体重的情况下，因前者饲养周期长，虽在补偿生长阶段的饲料利用率较高，但整个饲养期的饲料转化率仍低于正常生长的牛。此外，虽然补偿牛生长在饲养期结束时能达到体重要求，但最后体组织受到一定影响，屠宰时补偿牛的骨成分较高，脂肪成分较低。

补偿生长是有条件的，并不是在任何情况下都能获得补偿生长，在生命早期增长速度受到严重影响时，往往会形成"小僵牛"。此外，低水平饲养时间越长，则补偿生长越难，效果也越差。因此，在饲养管理过程中运用补偿生长原理时，应注意以下几种情况。

①生长受阻时间不能超过3~6个月。

②如生长受阻阶段在胚胎期，补偿生长效果不好。

③生长受阻阶段在初生至3个月龄时，补偿生长效果不好。

（3）不平衡性　体重增长不平衡性主要表现在犊牛12月龄以前的生长速度，从初生到6月龄的生长速度要远大于6~12月龄的生长速度。

比如，西门塔尔牛在良好的饲养条件下，周岁体重可达到300千克以上；夏洛莱牛的平均日增重，从初生到6月龄为1.15~1.18千克，

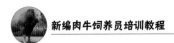

而从 6 月龄到 12 月龄则下降到 0.5 千克，12 月龄之后，牛的生长明显减慢，接近成熟时的生长速度则更慢。

由于动物每天摄入的饲料养分首先被用于维持生命活动和基础代谢需要，剩余的部分才被用来增重，故增重快的牛被用于维持需要的饲料养分所占的比例相对减少，饲料报酬高。据测定，日增重 1.1 千克的犊牛维持需要饲料仅占 38%，比日增重 0.8 千克的犊牛维持需要饲料（47%）减少 9 个百分点。

因此，在生产上，应掌握牛的生长发育特点，利用其生长发育快速阶段给予充分的营养，使牛能够快速增长，提高饲养效率。

二、肉牛的消化特点

1. 口腔和牙齿

口腔是消化系统的第一关口，具有采食、吸吮、分泌唾液、味觉、咀嚼和吞咽等功能。牛的牙齿与马和兔等家畜不同，牛没有上切齿，也就是说牛的上颌只有 3 对前臼齿和 3 对后臼齿；牛的下颌有四对门齿，中间的一对钳齿，也叫第一对门齿。紧靠门齿的一对称为内中间齿，又叫第二对门齿。靠内中间齿的一对称外中间齿，叫第三对门齿，两侧最外面的一对称为隅齿，也叫第四对门齿。

判断牛的年龄最准确的方法是根据出生记录，但在出生日期不明的情况下，则只有用年龄鉴定方法进行估计。年龄可根据牛的外貌、角和牙齿的情况去判断。通过外貌只能分出老年、中年或幼年，不能断定准确的年龄。用角轮去鉴别年龄，较按外貌鉴别的结果要准确一些，但误差仍较大。其中以根据牙齿去鉴定年龄较准确，我国农民在这方面有着丰富的经验。

纯种肉用牛不同年龄门齿的一般变化见表 1–3。

表 1-3　纯种肉用牛不同年龄门齿的一般变化

情　况	年龄	图　示
二个或二个以上乳齿出现	初生~1月龄	
第一对乳齿由永久门齿代替	1.5~2 岁	
第二对永久门齿代替	2.5 岁	
第三对永久门齿出现	3.5 岁	
第四对永久门齿出现	4.5 岁	
永久门齿磨成同一水平，第四对亦出现磨损	5~6 岁	
7~8 岁，第一对门齿中部出现珠形圆点；8~9 岁第二对门齿中部呈现珠形圆点；10~11 岁第四对门齿中部呈现珠形圆点	7~10 岁	
牙齿的弓形逐渐消失，变直，呈三角形，明显分离，进一步成柱状，年龄增大越加明显	12 岁以上	

　　齿的外观分 3 部分，露出的部分为齿冠，埋藏在齿龈内的部分为齿根，齿冠与齿根中间的收缩部分为齿颈。牙齿下部的中心有齿腔，腔内有营养牙齿的神经和血管。齿的外面一层是珐琅质，其色较白，质紧密，起保护牙齿的作用。紧靠珐琅质往内为象牙质，色较黄。
　　牛的牙齿分乳齿和永久齿，乳齿脱落后，换成永久齿，以后就不

再更换。年龄不同，门齿的表面就出现了不同的磨损情况，年龄鉴定就是根据乳齿换永久齿和永久齿的磨损情况来判断。

牛的门齿变化与品种、饲养管理类型有关，一般早熟品种永久齿的更换较早，饲料类型粗硬和放牧为主的牛门齿磨损较快。由于我国黄牛品种较晚熟，故黄牛按牙齿进行年龄鉴定时，比表1-3中所列纯种肉牛晚1岁左右。

根据牛角轮的变化情况，也可帮助判断年龄。当母牛在妊娠期间，特别是在怀孕的后半期，胎儿发育速度很快，如营养不足，使角组织的生长受到影响，角表面便形成一轮凹陷，叫作角轮，因此可根据角轮去估计母牛的年龄。如母牛在3岁时产第一胎，且以后每年产一胎，则三岁加角轮数就是所估计的年龄。牧区的牛，冬春枯草季节，供生长发育的养分不足，也会影响到角的生长，出现一年一度的角轮，也可根据这种角轮去估计年龄。

牛是通过左右侧臼齿轮回与下切齿研磨，并在唇与舌的帮助下切断牧草，在唾液润滑下吞咽入瘤胃，反刍时再经上下臼齿仔细磨碎食物再咽回瘤胃。

2.唾液

牛口腔中有许多大小不等的腺体，除一些小的外，有腮腺、颌下腺和舌下腺3对大的腺体，统称唾液腺（图1-1）。唾液则是各个腺体分泌的混合物。唾液可以湿润饲料、帮助咀嚼和便于吞咽。唾液呈碱性，对瘤胃发酵起缓冲作用。唾液中含有独特的脂肪酶，对犊牛哺乳阶段消化乳脂肪有重要意义。此外，唾液中含有的黏蛋白、尿素、矿物质等可为瘤胃微生物提供营养物质，唾液还有消泡沫作用，因而有利于预防瘤胃臌胀病的发生。

3.胃和肠

（1）瘤胃　瘤胃分背囊与腹囊两部分，但内容物在里面可以

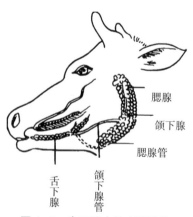

图1-1　牛口腔中的主要腺体

自由流动。瘤胃对饲料的消化主要是物理作用和微生物作用。瘤胃的容积大，其容积占整个胃容积的80%。有贮积食物、加工和发酵食物的功能。瘤胃没有消化液分泌，但胃壁强大的肌肉能强有力地收缩和松弛，进行有节律的蠕动，以搅拌食物。在瘤胃黏膜上有许多叶状突起的乳头，能使食物揉磨运化。瘤胃内含有大量的微生物，可将饲料中70%~80%的干物质和50%粗纤维分解产生挥发性脂肪酸、二氧化碳、甲烷、氨等，用于合成菌体蛋白质和B族维生素，供牛吸收利用。

（2）网胃　形如小瓶状。瘤胃、网胃之间有一条由食管延续而来的食管沟相通，饲料可在两胃间往返流动。网胃黏膜上有许多网状小格，形如蜂巢，故也称蜂巢胃。其容积占整个胃总容积的5%，其内容物呈液体状态，无腺体分泌。进入瘤胃的饲料，较细而稀薄的不再反刍而直接进入网胃。网胃周期性的迅速收缩，磨揉食糜并将其送入瓣胃。

网胃与瘤胃相连，是异物（铁钉、铁丝等）容易滞留的地方。这些异物，如果不是很锐利的话，在网胃中可长期存在而无损于健康，反之就会形成致命性伤害。

（3）瓣胃　呈圆的球形，较结实，其内容物含水量少，容积占整个胃容积的7%~8%。胃壁黏膜形成许多大小相同的片状物（肌叶），从断面上看很像一叠"百叶"。肌叶可以将食糜中水分压出，然后将干的食团送入皱胃，另一个功能是磨碎粗饲料。

（4）皱胃　是真正具有消化功能的胃室，故又称真胃。呈长梨形，胃壁黏膜光滑柔软，有许多皱褶。能分泌胃液，其中含有盐酸和消化液，酶的作用能使营养物质分解消化。胃容积占整个胃容积的7%~8%，其内容物呈流动状态。

牛的4个胃室的相对容积和机能随年龄增长而发生变化。初生犊牛的前两胃很小，结构很不完善，瘤胃黏膜乳头短小而软，尚未建立微生物区系，其消化机能与单胃动物相似，消化主要靠皱胃和小肠。当犊牛开始采食植物性饲料后，瘤胃和网胃很快发育，容积显著增加，皱容积相时逐渐缩小。到3月龄时，前3个胃的容积占总容积的70%，黏膜乳头变长变硬，微生物区系建立起来了，也就担负起了重要的消化任务。

（5）肠　牛肠特别长，除盲肠和结肠外，成年牛牛肠长近60米。牛肠虽长，但细而体积小，主要分解吸收在胃中未消化完的食物。

4. 反刍

牛把采食时吞咽下去的草料从胃里逐渐返回到嘴里，再仔细咀嚼成食团，每次需1~2分钟，然后重新吞咽下去，这种现象称为"反刍"。这是反刍家畜所特有的生理活动，也是十分重要的生理现象。当牛卧在树下休息时，人们常看到牛嘴里不停地嚼着，此项活动每天约需花费8小时或更多的时间，依草料性质而不同。反复倒嚼并不意味着提高消化率，重要的是能使大量饲草逐渐变细、变软，从而较快地从瘤胃通过到后面的消化道中去，这样使牛能采食更多的草料。

5. 嗳气

牛采食以后，以及反刍时常发出往外吐气的声音，这种现象叫嗳气。它是瘤胃中饲料进行发酵的原因。反刍动物的消化过程同单胃动物相比，会产生更多的气体，据计算，牛饲喂后每小时产气量达25~35升。主要是二氧化碳和甲烷，分别占气体总量的70%和30%左右；此外，有微量的氮气、氧气和硫化氢。气体不排出来就会发生臌胀，通过嗳气很容易排出。由于肺部的气体交换，使这些气体极少被吸收到血液中。但瘤胃发酵产生的能量约有10%随着气体排出而损失。

技能训练

根据齿式和磨损情况判断牛的年龄。

【目的要求】通过实习操作，掌握根据齿式排列和磨损情况鉴别牛年龄的基本方法和要领。

【训练条件】同一品种不同年龄的牛若干头；牛门齿标本（或模型），牛门齿构造图及牛门齿变化简表。

【考核标准】

将牛的年龄鉴别结果填入表1-4。

表1-4 牛的年龄鉴别结果

品种	牛号	性别	牛门齿的更换及磨蚀情况	角轮情况	外貌情况	鉴别年龄	实际年龄	误差原因

地点: 时间: 年 月 日 填写人:

思考与练习

1. 肉牛饲养员应具备哪些素质和基本要求?

2. 简述牛胃的基本结构和功能。

3. 牛为什么必须进行反刍?

第二章 肉牛品种与繁殖

知识目标

1. 了解我国主要肉牛良种的特点。掌握肉牛品种选择的原则。
2. 掌握肉牛发情鉴定的方法。
3. 掌握肉牛人工授精的方法。
4. 掌握肉牛妊娠诊断的方法。

技能要求

1. 掌握母牛人工授精操作技术。
2. 能熟练给母牛助产。

第一节 肉牛的品种与品种选择

一、我国主要肉牛良种

（一）晋南牛

1. 产地与分布

产于山西省晋南盆地，包括运城市的万荣、河津、临猗、永济、运城、夏县、闻喜、芮城、新绛，以及临汾市的侯马、曲沃、襄汾等县市，以万荣、河津和临猗 3 县的数量最多、质量最好（图 2-1）。

公

母

图 2-1 晋南牛
（摘自《中国牛品种志》）

2. 品种的形成

晋南盆地农业开发早，养牛是当地的传统。农作物以棉花、小麦为主，其次为豌豆、黑豆等豆科作物，有天然草场。群众习惯将青苜蓿和小麦秸分层铺在场上碾压，晾干后作为黄牛枯草期的粗料。当地群众重视牛的体型、外貌、毛色一致。

3. 体型外貌

公牛头中等长，额宽，鼻镜粉红色，顺风角为主，角型较窄，颈较粗短，垂皮发达，肩峰不明显。蹄大而圆，质地致密。母牛头部清秀，乳头细小。毛色以枣红为主，也有红色和黄色。成年公牛平均体重 660 千克，体高 142 厘米；成年母牛平均体重 442.7 千克，体高 133.5 厘米。该品种公牛和母牛臀部都较发达，具有一定肉用外形。

4. 生产性能

成年牛在一般育肥条件下日增重可达 851 克，最高日增重可达 1.13 千克。在营养丰富条件下，12~24 月龄公牛日增重 1.0 千克，母牛日增重 0.8 千克。育肥后屠宰率可达 55%~60%，净肉率为 45%~50%。母牛产乳量 745 千克，乳脂率为 5.5%~6.1%，9~10 月龄开始发情，两岁配种。产犊间隔为 14~18 个月，终生产犊 7~9 头。公牛 9 月龄性成熟，成年公牛平均每次射精量为 4.7 毫升。

（二）秦川牛

1. 产地与分布

秦川牛因产于陕西省关中地区的"八百里秦川"而得名。主要产地包括渭南、临潼、咸阳、扶风、岐山等 15 个县市（图 2-2）。

公   母

图 2-2 秦川牛
（摘自《中国牛品种志》）

2. 品种的形成

关中地区有种植苜蓿喂牛的习惯，主要农作物包括小麦、玉米、豌豆、棉花等。当地群众喜选择大牛作种用，饲养管理精细。

3. 体型外貌

角短而钝、多向外下方或向后稍弯，角型非常一致。毛有紫红、红、黄 3 种，以紫红和红色居多；鼻镜多呈肉红色，亦有黑、灰和黑斑点等色。蹄壳分红、黑和红黑相间，以红色居多。成年公牛平均体重 620.9 千克，体高 141.7 厘米；成年母牛平均体重 416.0 千克，体高 127.2 厘米。

4. 生产性能

在中等饲养水平下，18~24 月龄成年母牛平均胴体重 227 千克，屠宰率为 53.2%，净肉率为 39.2%；25 月龄公牛平均胴体重 372 千克，屠宰率 63.1%，净肉率 52.9%。母牛产奶量 715.8 千克，乳脂率 4.70%。

（三）南阳牛

1. 产地与分布

产于河南南阳地区白河和唐河流域的广大平原地区，以南阳市郊区、南阳县、唐河、邓县、新野、镇平等县市为主要产区（图2-3）。

公　　　　　　　　　　　　　　母

图2-3　南阳牛
（摘自《中国牛品种志》）

2. 品种的形成

南阳地区农作物主要有小麦、玉米、甘薯、高粱、豌豆、蚕豆、黑豆、黄豆、水稻、谷子、大麦等，饲草料丰富，尤以豆类供应充足，群众有用豆类磨浆喂牛的习惯。长期选择体型高大，耕作力强的传统而育成。

3. 体型外貌

公牛角基较粗，以萝卜头角为主，母牛角较细。鬐甲较高，公牛肩蜂8~9厘米。有黄、红、草白3种毛色，以深浅不等的黄色为最多，一般牛的面部、腹下和四肢下部毛色较浅。鼻镜多为肉红色，其中部分带有黑点。蹄壳以黄蜡、琥珀色带血筋较多。成年公牛平均体重647千克，体高145厘米；成年母牛平均体重412千克，体高126厘米。

4. 生产性能

公牛育肥后，1.5岁的平均体重可达441.7千克，日增重813克，平均胴体重240千克，屠宰率55.3%，净肉率45.4%。3~5岁阉牛经强度育肥，屠宰率可达64.5%，净肉率达56.8%。母牛产乳量600~800千克，乳脂率为4.5%~7.5%。

（四）鲁西牛

1. 产地与分布

主要产于山东西南部，以菏泽市的郓城、菏泽、巨野、梁山和济宁地区的嘉祥、金乡、济宁、汶上等县为中心产区（图2-4）。

公　　　　　　　　　　　　　　　母

图2-4　鲁西牛

（摘自《中国牛品种志》）

2. 品种的形成

汉代时的牛已具有现代鲁西牛的雏形，当地素有宴用牛的习惯，明、清两朝以该牛为宫廷用牛，之后德国、日本先后选用该牛。由于肉牛以质论价，促进了群众养大型膘牛和选育大型牛的积极性。

3. 体型外貌

具有较好的役肉兼用体型。公牛头大小适中，多平角或龙门角；母牛头狭长，角形多样，以龙门角较多。鼻镜与皮肤多为淡肉红色，部分牛鼻镜有黑色或黑斑。角色蜡黄或琥珀色。骨骼细，肌肉发达。蹄质致密，但硬度较差，不适于山地使役。被毛从浅黄到棕红色都有，以黄色量多。多数牛有完全或不完全的"三粉"特征（指眼圈、口轮、腹下与四肢内侧色淡）。成年公牛平均体重644千克，体高146厘米；成年母牛平均体重366千克，体高123厘米。

4. 生产性能

以青草和少量麦秸为粗料。每天补喂混合精料2千克，1~1.5岁牛平均胴体重 284 千克，平均日增重 610 克，屠宰率 55.4%，净肉率 47.6%。

（五）延边牛

1. 产地与分布

主要产于吉林省延边朝鲜族自治州的延吉、和龙、汪清、珲春及毗邻各省，分布于东北 3 省（图 2-5）。

公　　　　　　　　　　　母

图 2-5　延边牛
（摘自《中国牛品种志》）

2. 品种的形成

清朝以来，随着朝鲜民族的迁入，将朝鲜牛带入我国东北地区，带入的朝鲜牛和本地牛进行长期杂交，经过精心培育而育成。在形成过程中，导入了一些蒙古牛和乳用牛品种的血液。

3. 体型外貌

公牛头方额宽，角基粗大，多向外后方伸展成一字形或倒八字角。母牛头大小适中，角细而长，多为龙门角。毛色多呈浓淡不同的黄色，鼻镜一般呈淡褐色或带有黑斑点。成年公牛平均体重 465 千克，体高 131 厘米；成年母牛平均体重 365 千克，体高 122 厘米。

4. 生产性能

公牛经 180 天育肥，屠宰率可达 57.7%，净肉率 47.23%，日增重 813 克。母牛产乳量 500~700 千克，乳脂率 5.8%~8.6%。

（六）郏县红牛

1. 产地与分布

原产于河南省郏县，毛色多呈红色，故而得名。郏县红牛现主要分布于郏县、宝丰、鲁山三个县和毗邻各县以及洛阳、开封等地区部分县境（图2-6）。

公　　　　　　　　　　　　　　　母

图2-6　郏县红牛

（摘自《中国牛品种志》）

2. 品种的形成

郏县红牛是在当地优越的生态环境条件下，经过劳动人民长期精心选育而形成的中国优良地方黄牛品种。1952年参加全国第一届农产品展览会，1997年发布了地方品种标准。

3. 体型外貌

体格中等大小，结构匀称，体质强健，骨骼坚实，肌肉发达。后躯发育较好，侧观呈长方形，具有役肉兼用牛的体型，头方正，顿宽，嘴齐，眼大有神，耳大且灵敏，鼻孔大，鼻镜肉红色，角短质细，角型不一。被毛细短，富有光泽，分紫红、红、浅红3种毛色。公牛颈稍短，背腰平直，结合良好。四肢粗壮，尻长稍斜，睾丸对称，发育良好。母牛头部清秀，体型偏低，腹大而不下垂，鬐甲较低且略薄，乳腺发育良好，肩长而斜。郏县红牛成年公牛体高体重608千克，体高146厘米，成年母牛体重460千克，体高131厘米。

4. 生产性能

早熟，肉质细嫩，肉的大理石纹明显，色泽鲜虹。据对10头

20~23月龄阉牛肥育后屠宰测定，平均胴体重为176.75千克，平均屠宰率为57.57%，平均净肉重136.6千克，净肉率44.82%。12月龄公牛平均胴体重292.4千克，屠宰率59.9%，净肉率51%。

（七）渤海黑牛

1. 产地与分布

原产于山东省滨州市，主要分布于无棣县、沾化县、阳信县和滨城区。在山东省的东营、德州、潍坊三市和河北沧州也有分布（图2-7）。

公　　　　　　　　　　　　　母

图2-7　渤海黑牛

（摘自《中国畜禽遗传资源志——牛志》）

2. 品种的形成

历史上蒙古草原游牧民族曾多次南迁至滨州地区，渤海黑牛极有可能是与蒙古牛杂交经长期选育而成。属于黄牛科，是世界上三大黑毛黄牛品种之一，因为它全身被黑，传统上一直叫它渤海黑牛，是山东省环渤海县经过长期驯化和选育而成的优良品种。

3. 体型外貌

被毛呈黑色或黑褐色，有些腹下有少量白毛，蹄、角、鼻镜多为黑色。低身广躯，后躯发达，体质健壮，形似雄狮，当地称为"抓地虎"。头矩形，头颈长度基本相等。角多为龙门角。胸宽深，背腰长宽、平直，尻部较宽、略显方尻。四肢开阔，肢势端正。蹄质细致坚实。公牛额平直，眼大有神，颈短厚，肩峰明显；母牛清秀，面长额平，四肢坚实，乳房呈黑色。渤海黑牛成年公牛体重487千克，体高130厘米，母牛体重376千克，体高120厘米。

4. 生产性能

渤海黑牛未经肥育时公牛和阉牛屠宰率 53.0%，净肉率 44.7%，胴体产肉率 82.8%，肉骨比 5.1：1。在营养水平较好情况下，公牛 24 月龄体重可达 350 千克。在中等营养水平下进行育肥，14~18 月龄公牛和阉牛平均日增重达 1 千克，平均胴体重 203 千克，屠宰率 53.7%，净肉率 44.4%。

二、引进主要肉牛良种

（一）西门塔尔牛

1. 原产地与分布

原产于瑞士阿尔卑斯山西部，西门河谷的牛。19 世纪初育成，是乳肉兼用牛。自 20 世纪 50 年代开始从前苏联引进，70—80 年代先后从瑞士、德国、奥地利等国引进，是目前群体最大的引进兼用品种，1981 年成立中国西门塔尔牛育种委员会。多省联合育成中国西门塔尔牛（图 2-8）。

公   母

图 2-8 西门塔尔牛
（摘自《肉用种公牛品种指南》）

2. 外貌特征

毛色多为黄白花或淡红白花，头、胸、腹下、四肢、尾帚多为白色。体格高大，成年母牛体重 550~800 千克，公牛 1 000~1 200 千克；成年母牛体高 134~142 厘米，公牛 142~150 厘米，犊牛初生重 30~45

千克。后躯较前躯发达，中躯呈圆筒形。额与颈上有卷曲毛。四肢强壮，蹄圆厚。乳房发育中等，乳头粗大，乳静脉发育良好。

3. 生产性能

肉用、乳用性能均佳，平均产乳量 4 700 千克以上，乳脂率 4%。初生至 1 周岁平均日增重可达 1.32 千克，12~14 月龄活重可达 540 千克以上。较好条件下屠宰率为 55%~60%，育肥后屠宰率可达 65%。耐粗饲、适应性强，有良好的放牧性能。四肢坚实，寿命长，繁殖力强。

4. 改良我国黄牛效果

与我国北方黄牛杂交，所生后代体格增大，生长加快，杂种 2 代公架子牛育肥效果好，精料 50% 时日增重达到 1 千克，受到群众欢迎。西杂 2 代牛产奶量就达到 2 800 千克，乳脂率 4.08%。

（二）夏洛莱牛

1. 原产地及育成经过

夏洛莱牛是著名的大型肉牛品种，原产于法国中西部到东南部的夏洛莱和涅夫勒地区。18 世纪开始系统选育，主要通过本品种严格选育，1920 年育成（图 2-9）。

公　　　　　　　　　　　　　母

图 2-9　夏洛莱牛
（摘自《肉用种公牛品种指南》）

2. 外貌特征

夏洛莱牛体躯高大强壮，全身毛色乳白或浅乳黄色。头小而短宽，嘴端宽方，角中等粗细，向两侧或前方伸展，角色蜡黄。颈短粗，胸宽深，肋骨弓圆，腰宽背厚，臀部丰满，肌肉极发达，使体躯呈圆筒形，后腿部肌肉尤其丰厚，常形成"双肌"特征，四肢粗壮结实。公牛常有双鬐甲和凹背者。蹄色蜡黄，鼻镜、眼睑等为白色。成年夏洛莱公牛体高 142 厘米，体长 180 厘米，胸围 244 厘米，管围 26.5 厘米，体重 1 140 千克：相应成年母牛体高、体长、胸围、管围、体重分别为 132 厘米，165 厘米，203 厘米，21 厘米，735 千克，初生公犊重 45 千克，初生母犊重 42 千克。

3. 生产性能

夏洛莱牛以生长速度快、瘦肉产量高、体型大、饲料转化率高而著称。据法国的测定，在良好的饲养管理条件下，6 月龄公犊体重达 234 千克，母犊 210.5 千克，平均日增重公犊 1 000~1 200 克，母犊 1 000 克。12 月龄公犊重达 525 千克，母犊 360 千克。屠宰率为 65%~70%，胴体产肉率为 80%~85%。母牛平均产奶量为 1 700~1 800 千克，个别达到 2 700 千克，乳脂率为 4.0%~4.7%。青年母牛初次发情为 396 日龄，初配年龄为 17~20 月龄。但是该品种存在难产率高（13.7%）的缺点，影响了推广。

（三）利木赞牛

1. 原产地及育成经过

利木赞牛原产于法国中部利木赞高原，并因此而得名，在分布广度和数量方面，在法国仅次于夏洛莱牛，利木赞牛源于当地大型役用牛，主要经本品种选育，1924 年育成（图 2-10）。

2. 外貌特征

利木赞牛毛色多红黄为主，腹下、四肢内侧、眼睑、鼻周、会阴等部位色较浅，为白色或草白色。头短，额宽，口方，角细，白色。蹄壳琥珀色。体躯冗长，肋骨弓圆，背腰壮实，荐部宽大，但略斜。肌肉丰满，前肢及后躯肌肉块尤其突出。在法国较好的饲养条件下，成年公牛体重可达 1 200~1 500 千克，公牛体高 140 厘米，成年母牛 600~800 千克，母牛体高 131 厘米。公犊初生重 36 千克，母犊 35 千克。

公　　　　　　　　　　　　母

图 2-10　利木赞牛
（摘自《肉用种公牛品种指南》）

3. 生产性能

利木赞牛肉用性能好，生长快，尤其是幼年期，8 月龄小牛就可以生产出具有大理石纹的牛肉，在良好的饲养条件下，公牛 10 月龄能长到 408 千克，12 月龄达 480 千克。牛肉品质好，肉嫩，瘦肉含量高。利木赞牛具有较好的泌乳能力，成年母牛平均泌乳量 1 200 千克，个别可达 4 000 千克，乳脂率 5%。

（四）安格斯牛

1. 原产地及育成经过

安格斯牛是英国最古老的肉牛品种之一，产于英国苏格兰北部的阿伯丁、安格斯和金卡丁等郡，全称阿伯丁－安格斯牛。安格斯牛的有计划育种工作始于 18 世纪末，着重在早熟性、屠宰率、肉质、饲料转化率和犊牛成活率等方面进行选育。1862 年育成，现在世界上主要养牛国家大多数都饲养有安格斯牛（图 2-11）。

2. 外貌特征

安格斯牛无角，毛色以黑色居多，也有红色或褐色。体格低矮，体质紧凑、结实。头小而方，额宽，颈中等长且较厚，背线平直，腰荐丰满，体躯宽而深，呈圆筒形。四肢短而端正，全身肌肉丰满。皮肤松软，富弹性，被毛光泽而均匀，少数牛腹下、脐部和乳房部有白斑。成年公牛平均体重 700~750 千克，母牛 500 千克，犊牛初生重 25~32 千克。成年公牛体高 130.8 厘米，母牛 118.9 厘米。

公 母

公 母

图 2-11 安格斯牛

（摘自《肉用种公牛品种指南》和《中国畜禽遗传资源志—牛志》）

3. 生产性能

安格斯牛具有良好的增重性能，日增重约为 1 000 克。早熟易肥，胴体品质和产肉性能均高。育肥牛屠宰率一般为 60%~65%。年平均泌乳量 1 400~1 700 千克，乳脂率 3.8%~4.0%。安格斯牛 12 月龄性成熟，18~20 月龄可以初配。产犊间隔短，一般为 12 个月左右。连产性好，初生重小，难产极少。安格斯牛对环境的适应性好，耐粗、耐寒、性情温和，抗某些红眼病，但有时神经质，不易管理，其耐粗性不如海福特。在国际肉牛杂交体系中被认为是较好的母系。

（五）海福特牛

1. 原产地及育成经过

海福特牛是英国最古老的肉用品种之一，原产于英国英格兰西部威尔士地区的海福特县、牛津县及邻近诸县，属中小型早熟肉牛品种。

海福特牛是在威尔士地方土种牛的基础上选育而成的。在培育过程中，曾采用近亲繁殖和严格淘汰的方法，使牛群早熟性和肉用性能显著提高，于 1790 年育成海福特品种（图 2-12）。

公　　　　　　　　　　　母

图 2-12　海福特牛
（摘自《肉用种公牛品种指南》）

2.外貌特征

海福特牛体躯的毛色为橙黄、黄红色或暗红色，头、颈、腹下，四肢下部和尾帚为白色，即"六白"特征。头短宽，角呈蜡黄色或白色。公牛角向两侧伸展，向下方弯曲，母牛角尖向上挑起，鼻镜粉红。体型宽深，前躯饱满，颈短而厚，垂皮发达，中躯肥满，四肢短，背腰宽平，臀部宽厚，肌肉发达，整个体躯呈圆筒状，皮薄毛细。分有角和无角两种。

成年海福特公牛体高 134.4 厘米，体长 196.3 厘米，胸围 211.6 厘米，胸深 77.2 厘米，尻宽 57.1 厘米，管围 24.1 厘米，体重 850~1 100 千克；相应成年母牛体高，体长，胸围，胸深，尻宽，管围，体重分别为 126.0 厘米，152.9 厘米，192.2 厘米，69.9 厘米，55.0 厘米，20.0 厘米，600~700 千克；初生公犊重 34 千克，初生母犊重 32 千克。

3.生产性能

增重快，出生到 12 月龄平均日增重达 1 400 克，18 月龄体重 725 千克（英国）。据黑龙江省资料，海福特牛哺乳期平均日增重，公犊 1 140 克，母犊 890 克。7~12 月龄的平均日增重，公牛 980 克，母牛

850克。屠宰率一般为60%~64%，经育肥后，可达67%~70%，净肉率达60%。肉质嫩，多汁，大理石状花纹好，年产乳量1 200~1 800千克，但常有泌乳量不能满足哺乳的牛。海福特牛性成熟早，小母牛6月龄开始发情，15~18月龄，体重达445千克可以初次配种。该品种牛适应性好，在年气温变化为 −48~38℃的环境中，仍然表现出良好的生产性能，耐粗饲，放牧觅食性能好，不挑食，性情温顺，但反应迟钝。我国于1974年首批从英国引入海福特牛，以后陆续又从北美引进大型海福特牛。

公　　　　　　　　　　　　　　　母

图 2-13　皮埃蒙特牛
（摘自《肉用种公牛品种指南》和《中国畜禽遗传资源志—牛志》）

（六）皮埃蒙特牛

1. 原产地及育成经过

皮埃蒙特牛原产于意大利北部皮埃蒙特地区，包括都灵、米兰等地，属于欧洲原牛与短角瘤牛的混合型，是在役用牛基础上选育而成的专门化肉用品种。它是目前国际上公认的终端父本，是肉乳兼用品种（图 2-13）。

2. 外貌特征

体型较大，体躯呈圆筒状，肌肉发达。毛色为乳白色或浅灰色，鼻镜、眼圈、肛门、阴门、耳尖、尾帚为黑色，犊牛幼龄时毛色为乳黄色，后变为白色。成年公牛体重800~1 000千克；母牛500~600千克。公牛体高140厘米，体长170厘米，胸围210厘米，管围22厘米；母牛分别为136厘米，146厘米，176厘米，18厘米。公犊初生重 42 千克，母犊初生重 40 千克。

3. 生产性能

皮埃蒙特牛生长快，育肥期平均日增重 1 500 克。肉用性能好，屠宰率一般为 65%~70%，肉质细嫩，瘦肉含量高，胴体瘦肉率达 84.13%。但难以形成大理石状肉，有较好的泌乳性能，年泌乳量达 3 500 千克。我国于 1987 年和 1992 年先后从意大利引进展开了皮埃蒙特牛对中国黄牛的杂交改良工作。

（七）德国黄牛

1. 原产地

德国黄牛原产于德国和奥地利，其中德国数量最多，是瑞士褐牛与当地黄牛杂交育成的，可能含有西门塔尔牛的基因，1970 年出版良种登记册。为肉乳兼用品种（图 2-14）。

公　　　　　　　　　　母

图 2-14　德国黄牛
（摘自《中国畜禽遗传资源志——牛志》）

2. 外貌特征和生产性能

德国黄牛毛色为浅黄色、黄色或淡红色。体型外貌近似西门塔尔牛。体格大，体躯长，胸深，背直，四肢短而有力，肌肉强健。成年公牛体重 1 000~1 100 千克，母牛 700~800 千克；公牛体高 135~140 厘米，母牛 130~134 厘米。母牛乳房大，附着结实，泌乳性能好，年产奶量达 4 164 千克，乳脂率 4.15%。

初产年龄为 28 个月，难产率低。公犊平均初生重 42 千克，断奶

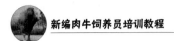

重 231 千克。育肥性能好，去势小牛育肥到 18 月龄体重达 600~700 千克，平均日增重 985 克。平均屠宰率 62.2%，净肉率 56%。1996 年和 1997 年，我国先后从加拿大引进纯种德国黄牛，其适应性强，生长发育良好。

（八）契安尼娜牛

1. 原产地

契安尼娜牛原产于意大利多斯加尼地区的契安尼娜山谷，由当地古老役用品种培育而成。1931 年建立良种登记簿，是目前世界上体型最大的肉牛品种，现主要分布于意大利中西部的广阔地域。

2. 外貌特征

契安尼娜牛被毛白色，尾帚黑色，除腹部外，皮肤均有黑色素；犊牛初生时，被毛为深褐色，在 60 日龄内逐渐变为白色。体躯长，四肢高，体格大，结构良好，但胸部深度不够。成年公牛体重 1 500 千克，最大可达 1 780 千克，母牛 800~900 千克；公牛体高 184 厘米，母牛 157~170 厘米。公犊初生重 47~55 千克，母犊初生重 42~48 千克。

3. 生产性能

生长强度大，日增重达 1 000 克以上，2 岁内最大日增重可达 2 000 克。牛肉量多而品质好，大理石纹明显。适应性好，繁殖力强，很少难产，抗晒耐热，宜于放牧，母牛泌乳量不高，但足够哺育犊牛。

（九）日本和牛

1. 原产地

日本和牛是在日本土种役用牛基础上经杂交而培育成的肉用品种。1870 年起，日本和牛由役用逐渐向役肉兼用发展。1900 年以后，先后引入德温牛、瑞士褐牛、短角牛、西门塔尔牛、朝鲜牛、爱尔夏牛和荷斯坦牛等与日本和牛杂交，目的是增大体格，提高肉、乳生产性能。但有计划的杂交却始于 1912 年。1948 年成立日本和牛登记协会，1957 年宣布育成肉用日本和牛。

2. 外貌特征和生产性能

日本和牛毛色多为黑色和褐色，少见条纹及花斑等杂色。体躯紧凑，腿细，前躯发育良好后躯稍差。体型小，成熟晚。公牛成年体重

700 千克，母牛 400 千克。公牛体高 137 厘米，母牛 124 厘米。经过 1 年或 1 年多的育肥，屠宰率可达 60% 以上，有 10% 可用作高级涮牛肉。日本和牛的产奶量低，约 1 100 千克。

三、肉牛品种的选择

目前，在我国参与肉牛生产的多为我国品种牛以及引进品种的改良牛，尚没有大群引进的肉用品种牛的生产。在肉牛养殖生产中，标准化规模肉牛场应该根据资源、市场和经济效益等自身具体条件和要求选择养殖品种。

1. 按市场要求选择

① 市场需要含脂肪少的牛肉时，可选择皮埃蒙特、夏洛莱、比利时蓝白花、荷斯坦牛的公犊等引进品种的改良牛，改良代数越高，其生产性状越接近引进品种，但需要的饲养管理条件也得相应地与该品种一致才能发挥该杂种牛的最优性状。如上述几个品种基本上均是农区圈养育成的，如改用放牧饲养于牧草贫乏的山区、牧区则效果不好。这类牛以长肌肉为主，日粮中蛋白质需求则要高一些，否则难以获得高日增重。

② 需要含脂肪高的牛肉时（牛肉中脂肪含量与牛肉的香味、嫩滑、多汁性均呈正相关）可选择处于我国良种黄牛前列的晋南牛、秦川牛、南阳牛和鲁西牛，以及引进品种安格斯、海福特和短角牛的改良牛。但要注意，引进品种中除海福特以外，均不耐粗饲。我国优良品种黄牛较为耐粗饲。这类牛在日粮能量高时即可获得含脂高的胴体。

③ 要生产大理石状明显的"雪花"牛肉时，则选择我国良种黄牛，以及引进品种安格斯、利木赞、西门塔尔和短角牛等改良牛。引进品种以西门塔尔牛耐粗饲，这类牛在高营养水平下育肥获得高日增重的条件下易形成五花肉。

④ 生产犊白肉（犊牛肉）可选择乳牛养殖业淘汰的公牛犊，可得到低成本高效益。其次选择一些夏洛莱、利木赞、西门塔尔、皮埃蒙特等改良公犊。

2. 按经济效益选择

① 生产"白肉"，必须按市场需求量，因为投入极大。

② 生产"雪花牛肉"，市场较广，是肥牛火锅、铁板牛肉、西餐牛排等优先选用。但成本较高，应按市场需求，以销定产，最好建立或纳入已有供销体系。

③ 杂种优势的利用，目前可选择具有杂种优势的改良牛饲养，可利用具杂种优势的牛生长发育快，抗病力强，适应性好的特点来降低成本，将来有条件时建立优良多元杂交体系，轮回体系，进一步提高优势率，并按市场需求，利用不同杂交系改善牛肉质量，达到最高经济效益。

④ 性别特点利用。公牛生长发育快，在日粮丰富时可获得高日增重、高瘦肉率，生产瘦牛肉时的优选性别。生产高脂肪与五花牛肉时则以母牛为宜，但较公牛多耗 10% 以上精料。阉牛的特性处于公、母之间（表 2-1）。

表 2-1 公牛、阉牛和母牛增重速度的比较

项目	公牛	阉牛	母牛
头数	12	22	12
日龄	361	383	398
活重（千克）	386.1	376.9	345.8
日增重（克）	1 070	984	869
胴体（克）	597	550	482
肌肉（克）	398	323	271
脂肪（克）	132	160	156
骨骼（克）	77	67	55
肌肉∶脂肪	3.02	3.02	1.74
肌肉∶骨骼	5.1	4.8	4.9

⑤ 老牛利用，健康的 10 岁以上老牛采取高营养水平育肥 2~3 个月也可获丰厚的效益，但千万别采用低日增重和延长育肥期，否则牛肉质量差，且饲草消耗和人工费用增加。

3. 按资源条件选择

① 山区与远离农区的牧区，应以饲养西门塔尔、安格斯、海福特

等改良牛为主，为农区及城市郊区提供架子牛作为收入。

②农区土地较贫瘠，人占耕地面积大，离城市远的地方，可利用草田轮作饲养西门塔尔等品种改良牛，为产粮区提供架子牛及产奶量高的母牛来取得最大经济效益。

③农区特别是酿酒业与淀粉业发达地区则宜于购进架子牛进行专业育肥，可取得最大效益，因为利用酒糟、粉渣等可大幅度降低成本。

④乳牛业发达的地区。则以生产白肉为有利，因为有大量奶公犊，并且可利用异常奶、乳品加工副产品搭配日粮，可降低成本。

4. 按气候条件选择

牛是喜凉怕热的家畜，气温过高（30℃以上），往往是育肥业的限制因子，若没有条件防暑降温，则应选择耐热品种，例如圣格鲁迪、皮尔蒙特、抗旱王、婆罗福特、婆罗格斯、婆罗门等牛的改良牛为佳。

5. 其他注意事项

（1）年龄　年龄对牛肉质量的影响有三方面，一是影响牛的增重速度和出栏体重；二是影响牛肉的化学成分，进而影响到牛肉的品位、熟肉率等；三是影响牛肉的嫩度（剪切值）。

肉牛的年龄直接影响牛的增重速度。出生前，头部及四肢生长迅速，肌肉和脂肪的发育较迟。在12月龄前，体重增长非常迅速，以后速度逐渐变慢，接近体成熟时生长速度很慢。不同类型、不同品种之间稍有差异。如夏洛莱牛在8~18月龄、秦川牛在18~24月龄之间为生长的转缓点。一般在24~30月龄前出栏，都可以充分利用牛的这一特性，获得较高的日增重和饲料转化率，获得脂肪含量低和鲜嫩的牛肉。当年龄较大时，牛已经失去生长优势，则会得到和上面相反的结果，并影响出栏体重。

肉牛的年龄还直接影响牛肉的化学组成。在12~14月龄前，体重增加以肌肉增长为主，之后，脂肪沉积加快，骨骼一直保持着慢速增长。不同体组织占胴体重的比例，生长过程中变化很大。肌肉在体组织中的比例，开始逐渐增加，而后逐渐下降，脂肪的比例持续增加，骨骼的比例一直下降，详见表2-2。

表2-2　牛在不同月龄胴体的化学组成　（%）

月龄	5	10	15	20	25	30	40
脂肪	11	24	48	62	65	60	47
肌肉	69	63	48	35	33	39	52
骨骼	20	13	4	3	2	1	1

　　由于肌肉增长是以肌纤维体积增加为特征，肌纤维变粗使肉的嫩度下降，脂肪含量适当时，会提高肉的品位和能量浓度，但也增加了患心脑血管疾病的风险，所以，国外一般在24月龄屠宰。我国黄牛增重较慢，一般在30月龄屠宰较适宜。

　　年龄对肌肉颜色也有影响，年龄小时，肉的颜色发白，随年龄增加，肉的颜色逐渐加深、变红，因此，也影响肉的成熟程度。年龄对肉的嫩度和成熟程度的影响见表2-3。

表2-3　牛的年龄和肉的成熟程度及嫩度关系

牛屠宰月龄	成熟度	嫩度等级
9~30月龄	A	很嫩
30~40月龄	B	嫩
40~60月龄	C	中等
60~72月龄	D	较粗硬
72月龄以上	E	粗硬

　　年龄与牛肉质量关系密切，鉴别牛的年龄就成为选择架子牛、收购育肥牛的必备技术。牛年龄鉴别的方法主要有牙齿鉴定法和角轮法。

　　① 牙齿鉴定法。牛没有犬齿和上门齿，牛的下门齿有四对，最中间一对为钳齿，依次往外为内中间齿、外中间齿及最边上的隅齿。这是鉴别年龄所必须观察的四对牙齿。

　　初生犊的牙齿叫乳齿，随着年龄增加，乳齿逐渐被永久齿代替。乳门齿的数目和永久齿相同，乳齿的色泽比永久齿白，小而齿颈明显，齿根短而齿身附着不稳。乳门齿的长出、更换（即被永久齿代替）以及牙齿的磨损都是从最中间的钳齿开始，挨次是内、外中间齿，最后是隅齿。

门齿由于磨损而形成咀嚼面，磨损情形不同，咀嚼面形成的形态不一样，随着年龄增加，在咀嚼面可以看到中间有一颜色较浅的线，这根线称为齿线，继续磨损，门齿的咀嚼面长为长方形，中间的齿线变宽变短称为齿星，以后咀嚼面磨成方形、三角形和椭圆形，而齿星也变成方形和圆形。现以中熟品种为例把门齿生长、更换、磨损与年龄之间的关系列表2-4。

表2-4　牛牙齿发生、更换、磨损期

年龄	钳齿	肉中间齿	外中间齿	隅齿
出生	乳齿已长出	乳齿已长出	乳齿已长出	
2周				乳齿已长出
6月	长形咀嚼面	长形咀嚼面	长形咀嚼面	开始磨损
1岁	方形咀嚼面有齿星	方形咀嚼面有齿星	长形咀嚼面有齿线	方形咀嚼面
2岁	更换			
3岁	形成咀嚼面	更换		
4岁	长形咀嚼面	长形咀嚼面	更换	
5岁	长形咀嚼面有齿线	长形咀嚼面	长形咀嚼面	更换
6岁	长方形咀嚼面，有齿线	长方形咀嚼面，有齿线	长形咀嚼面	开始磨损
7岁	近方形咀嚼面有齿线	长方形咀嚼面有齿线	长方形咀嚼面有齿线	长形咀嚼面
8岁	方形咀嚼面齿线变短粗	近方形咀嚼面有齿线	长方形咀嚼面有齿线	长方形咀嚼面有齿线
9岁	长方形齿星	方形咀嚼面	近方形咀嚼面	长方形咀嚼面
10岁	方形咀嚼面方形齿星	方形咀嚼面长方形齿星	方形咀嚼面齿线变短粗	长方形咀嚼面有齿线
11岁	方形咀嚼面近圆形齿星	长形咀嚼面长方形齿星	方形咀嚼面长方形齿星	长方形咀嚼面有较粗的齿线
12岁	三角形咀嚼面圆形齿星	方形咀嚼面近圆形齿星	方形咀嚼面长方形齿星	近方形咀嚼面长方形齿星

牙齿法鉴别记忆口诀：

"两岁一对牙，三岁两对牙，四岁三对牙，五岁新齐口，六岁老齐口，七岁八岁看齿线，九岁一对星，十岁两对星，十一岁三对星，十二岁满口星，十三岁以上看不清。"

我国黄牛属于晚熟品种，以上述方法鉴别出年龄后，再加上0.5岁即为其年龄。依据牙齿法鉴定牛的年龄，在5岁以前，是以门齿的更换为依据，非常准确，6岁以后是依据永久齿的磨损鉴定的，而牛门齿的磨损受饲料、精粗比等其他因素的影响。放牧牛比舍饲牛牙齿磨损快；吃粗饲料多的牛牙齿磨损快；饲料细软的比粗硬的牙齿磨损慢；日粮营养水平高，矿物质充足时，牙齿脱换正常，磨损慢，反之牙齿脱换迟，磨损快。多风沙地区及山区的牛，因草质粗硬且饲草中多夹有砂砾，牙齿磨损快；沼泽地区的牛，牙齿磨损慢。门齿与上颌骨齿板间的角度太小时，磨损慢。门齿排列异常时，磨损不规律。由于各种原因，部分牙齿长不出，或永久齿脱落及畸形齿的出现等，都会影响鉴定。

② 角轮鉴定法。牛在妊娠后期和哺乳期，由于营养不良，使角组织不能充分发育，角的表面凹陷形成环形痕迹，这叫角轮。母牛的角轮数大体与胎次相一致。通常母牛第一次产犊多在2.5~3岁，而且能每年产犊，因此根据角轮数加1.5~2个，即得牛的年龄。但由于饲料不足，营养不良或疾病等原因也能形成角轮，以及不是一年产一胎的母牛，它的角轮数与年龄也不一致。所以鉴定时应看角轮的深浅与宽窄。

公牛由于在冬春季饲料贫乏，气候严寒，角的生长受到影响，所以角轮数即为其年龄。

用角轮法鉴定年龄没有牙齿法准确，并受到一些条件限制，例如无角或角发育不全的牛，掉过角的牛，四季营养条件极好的牛，都无法依靠角轮法鉴别其年龄，因而年龄鉴定应以牙齿法为主，角轮法为辅。

（2）性别　性别不仅影响肉质，也影响育肥性状。同品种内相比较，公牛的瘦肉量高，脂肪含量低，所以肉脂比、肉骨比都高于阉牛和母牛，眼肌面积大，皮下脂肪和内脏脂肪较少，肌纤维较粗，胴体结缔组织较多，肌肉颜色鲜红，脂肪雪白，所以外观漂亮，品味浓厚，但口感较粗硬。

从育肥性状来看，公牛日增重高于阉牛和母牛，这样可缩短育肥时间，提前出栏，同时由于增重部分的肌肉含量较高，脂肪含量较低，所以饲料转化率也明显高于阉牛和母牛。

（3）生长发育　用于判别牛体生长发育状况的指标有体尺和体重，但不同品种牛的体尺和体重不尽相同，不同生长发育阶段的体尺和体重也有很大的差别，体尺又有很多种，不易记住，因此一般按体重判别牛体生长发育的情况。笔者认为根据牛体生长发育的规律、该品种牛的成年体重、获得补偿生长的下限及不同生长发育阶段判断的具体标准见表2-5。

表2-5　不同类型牛不同阶段体重最低值　　　　　（千克）

种类	性别	6月龄	12月龄	18月龄	24月龄
国外中型牛	公	150	260	330	400
	母	120	190	230	280
国外大型牛	公	240	360	460	560
	母	170	270	350	420
我国良种黄牛	公	140	240	310	380
	母	90	143	182	221
我国非良种黄牛	公	100	180	230	250
	母				

（4）外貌　牛的一些外貌有助于牛的选择。如嘴宽、口裂深、鼻镜宽广表示牛的采食能力和耐粗性较好；腹部充实表示有较高的消化能力和采食量；四肢高、体躯长、皮肤松弛、体躯不匀称表示该牛有好的发育和育肥的潜力；肋骨开张表示牛体的呼吸系统和血液循环系统功能较好，抵抗疾病能力强等。

从牛的外貌可判断牛的健康状况，如体躯松弛、垂头丧气、被毛暗淡、眼睛呆板、行动蹒跚而迟钝、鼻镜干燥、粪便异常、不明原因的消瘦等表示牛的健康状况不良。

选择健康、采食和消化能力强的牛育肥，可增加采食量，提高日增重，缩短育肥期和提高牛肉质量。

（5）牛的气质　一些牛性情粗暴，脾气过急；还有的牛过于胆小怕事，神经质；这不仅增加饲养管理的难度，使饲养员饲喂困难，而且有生命危险，特别是采用上下槽的饲养方式。因此，选择性情温顺，对外界反应正常的牛有助于饲养管理，减少风险。

第二节　肉牛经济杂交利用

杂交是肉牛生产不可缺少的手段，采取不同品种牛进行品种间杂交，不仅可以相互补充不足，也可以产生较大的杂种优势，进一步提高肉牛生产力。经济杂交是采用不同品种的公母牛进行交配，以生产性能低的母牛或生产性能高的母牛与优良公牛交配来提高子代经济性能。其目的是利用杂种优势。经济杂交可分为二元杂交和多元杂交。

一、二元杂交

二元杂交是指两个品种间只进行一次杂交，所产生的后代不论公母牛都用于商品生产，也叫简单经济杂交。在选择杂交组合方面比较简单，只测定一次杂交组合配合力。但是没有利用杂种一代母牛繁殖性能方面的优势，在肉牛生产早期不宜应用，以免由于淘汰大量母牛从而影响肉牛生产，在肉牛养殖头数饱和之后可用此法（图2-15）。

二、三元杂交

多元杂交是指3个或3个以上品种间进行的杂交，是复杂的经济杂交。即用甲品种牛与乙品种牛交配，所生杂种一代公牛用于商品生产，杂种一代母牛再与丙品种公牛交配，所生杂种二代父母用于商品生产，或母牛再与其他品种公牛交配。其优点在于杂种母牛留种，有利于杂种母牛繁殖性能上优势得以发挥，犊牛是杂种，也具杂种优势。其缺点是所需公牛品种较多，需要测试杂交组合多，必须保证公牛与母牛没有血缘关系，才能得到最大优势（图2-16）。

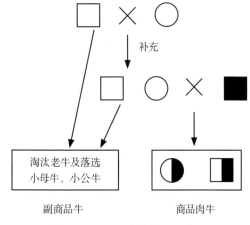

图 2-15 二元杂交体系示意图

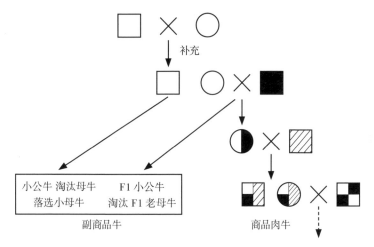

图 2-16 多元杂交体系示意图

三、轮回杂交

轮回杂交是指用两个或更多种进行轮番杂交，杂种母牛继续繁殖，杂种公牛用于商品肉牛生产。分为二元轮回杂交和多元轮回杂交（图 2-17）。其优点是除第一次外，母牛始终是杂种，有利于繁殖性能的杂种优势发挥，犊牛每一代都有一定的杂种优势，并且杂交的两个

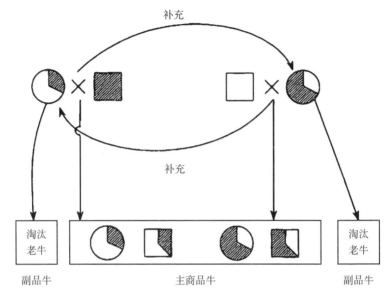

图 2-17   二元轮回杂交体系示意图

或两个以上的母牛群易于随人类的需要动态提高，达到理想时可由该群母牛自繁形成新品种。本法缺点是形成完善的两品种轮回则需要20年以上的时间，各种生产性杂交效益比较见表2-6、表2-7。目前肉牛生产中值得提倡的一种方式。

四、地方良种黄牛杂交利用注意事项

通过十几年黄牛改良实践来看，用夏洛莱、西门塔尔、利木赞、海福特、安格斯、皮埃蒙特牛与本地黄牛进行两品种杂交、多元杂交和级进杂交等，其杂种后代的肉用性能都得到显著地改善。改良初期都获得良好效果，后来认为以夏洛莱牛、西门塔尔牛做改良父本牛，并以多元杂交方式进行本地黄牛改良效果更好。如果不断采用一个品种公牛进行级进杂交，3~4代以后会失掉良种黄牛的优良特性。因此，黄牛改良方案选择和杂交组合的确定，一定要根据本地黄牛和引入品种牛的特性以及生产目的确定，以杂交配合力测定为依据确定杂交组合。为此，在地方良种黄牛经济杂交中应注意以下几项。

表2-6　各种杂交利用母牛群结构及商品牛　　　　　　　　　　　　　　　　　（%）

杂交体系	繁殖成活率	纯种母牛群				两品种杂种母牛		商品牛（商品数/母牛总数）						
		总数	其中适龄母牛	用于本群纯繁母牛	用于生产杂种一代母牛	总数	其中适龄母牛	主商品		副商品				
								两品种杂种	三品种杂种	纯种小牛	纯种老牛	两品种杂种小牛	两品种杂种老牛	三品种杂种老牛
二元	90	100	76.92	23.07	53.85			48.46		13.08	7.69			
	50	100	76.92	41.54	35.28			17.69		13.08	7.69			
三元（二元终端公牛）	90	24.1	18.54	5.56	12.97	75.90	58.39		52.55	3.15	1.85	5.84	5.84	
	50	46.51	35.78	19.32	16.46	53.49	41.14		20.57	6.08	3.58	4.11	4.11	
二元轮回	90					100	76.92	61.54						
	50					100	76.92	30.77						
三元轮回	90					100	76.92		61.54					7.69
	50					100	76.92		30.77					7.69

注：①母牛平均利用年限为13岁；②27月龄产第一胎；③纯种母牛选择率按74%计算，即每生27头母牛群20头、淘汰7头计

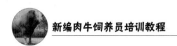

表2-7　各种杂交利用体系杂交利用率比较　　　　（％）

母牛繁殖成活率	二元杂交		三元杂交		二元轮回		三元轮回	
	杂交利用率	比较	杂交利用率	比较	杂交利用率	比较	杂交利用率	比较
90	55.73	100	77.02	138.2	78.92	141.61	82.38	147.82
50	20.34	100	34.34	168.83	43.84	215.54	45.77	225.02

注：①杂交利用率＝商品率×（1+杂交优势）；②本表未考虑纯种牛的销售价值

1. 良种黄牛保种

我国黄牛品种多，分布区域广，对当地自然条件具有良好适应性、抗病力、耐粗饲等优点，其中地方良种黄牛，如晋南牛、秦川牛、南阳牛、鲁西牛、延边牛、渤海牛等具有易育肥形成大理石状花纹肉、肉质鲜嫩而鲜美的优点，这些优点已超过这些指标最好的欧洲各种安格斯牛，这些都是良好的基因库，是形成优秀肉牛品种的基础，必须进行保种。这些品种还应进行严格的本品种选育，加快纠正生长较慢的缺点，成为世界级的优良品种。

2. 选择改良父本

父本牛的选择非常重要，其优劣直接影响改良后代肉用生产性能。应选择生长发育快、饲料利用率高、胴体品质好、与本地母牛杂交优势大的品种；应该是适合本地生态条件的品种。

3. 避免近亲

防止近亲交配，避免退化，严格执行改良方案，以免非理想因子增加。

4. 加强改良后代培育

杂交改良牛的杂种优势表现仍取决于遗传基础和环境效应，其培育情况直接影响肉牛生产，应对杂交改良牛进行科学的饲养管理，使其改良的获得性得以充分发挥。

5. 黄牛改良的社会性

由于牛的繁殖能力非常低，世代间隔非常长，所以黄牛改良进展极慢，必须多地区协作几代人努力才能完成。

第三节　肉牛的发情鉴定

发情是指母牛发育到一定年龄，性成熟后所表现出的一种周期性的性活动现象，外部表现为兴奋不安、哞叫、食欲减退、尿频、追逐其他牛，有爬跨或接受爬跨的表现，阴门潮红并有黏液流出。发情周期是指发情持续的时间，通常以一次发情的开始至下一次发情的开始所间隔的天数为准，一般为19~23天，平均21天，处女牛较经产牛短。根据母牛的精神状态和生殖器官生理变化及对公牛的性欲反应，将母牛的发情周期分为四个阶段，即发情前期（持续1~3天，无性欲表现，但生殖器开始充血）、发情期（持续15~18小时，从母牛愿意接受爬跨到回避爬跨的时间，表现为母牛兴奋，食欲下降，外阴部充血肿胀，子宫颈口松弛开张，阴道有黏液流出）、发情后期（3~4天，由性兴奋逐渐转入平静状态，排卵24小时后，大多数母牛从阴道内流出少量血）和休情期（持续12~15天，性欲完全停止，精神状态恢复正常）。详见图2-18。

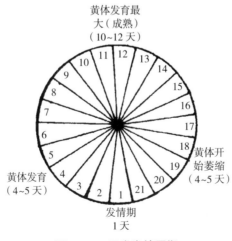

图2-18　正常发情周期

母牛发情周期受许多因素的影响。牛体内在的神经和激素控制卵巢的机能活动，影响发情周期的变化过程。营养、光照、温度等因素也显著影响母牛发情周期，其中营养对其影响最直接，营养不良、膘情较差、管理粗放等会使牛发情异常（发情不排卵、排卵却无发情外征）。如山区牧区"靠天养牛"，冬季不补饲，靠牧食枯草，因而营养贫乏，造成母牛季节性发情，即春末发情、秋后不发情；农村圈养，一年四季营养合理的母牛群，则常年发情、受胎，即使其他营养平衡，缺磷也会影响牛发情、受胎异常，甚至产后半年也不发情，造成缺磷地区三年两胎甚至两年一胎，所以维持母牛营养平衡是提高繁殖成活率的首要措施。

在生产中，为了避免漏配，应采取及时观察和直肠检查等方法。

一、外部观察

通过观察母牛的精神状态和外生殖器而实施。发情母牛表现为兴奋不安，食欲减退，反刍时间减少或停止，对周围环境的敏感性提高，哞叫、追随其他牛，嗅其他牛的外阴，爬跨或接受其他牛的爬跨，弓腰举尾，频频排尿。外生殖器充血、肿胀，流出牵缕性黏液，并附于尾根、阴门附近而形成结痂。爬跨或接受爬跨是发情的征兆。被爬跨的牛若发情，则站立不动，举尾，如不是发情牛，则拱背逃走。发情牛爬跨其他牛时，阴门撮动并滴尿，具有公牛交配的动作。发情牛由于接受爬跨，其尾根被毛蓬乱或直立（尤其在冬季），尾部或背部留有粪土、唾液，被毛被舐得不整（图2-19），根据这些征状可捕捉遗漏的发情牛。

二、直肠检查

由于母牛个体、品种、营养的差异，其卵泡发育、排卵时间不完全一致，为了准确确定母牛发情时子宫和卵巢的变化，除进行外表观察外，还必须借助直肠检查法。

直肠检查要本着安全、准确和快速的原则进行。首先将母牛进行安全保定，检查者将指甲剪短磨光，洗净手臂并涂以润滑剂，先用手指抚摸肛门，使母牛放松，随后侧身站立于牛的正后方，五指并拢成

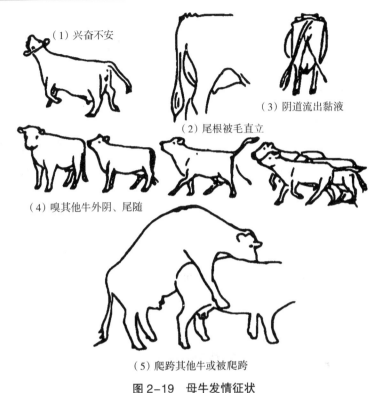

（1）兴奋不安

（3）阴道流出黏液

（2）尾根被毛直立

（4）嗅其他牛外阴、尾随

（5）爬跨其他牛或被爬跨

图 2-19　母牛发情征状

锥状，以缓慢旋转的方式插入肛门，用空气排粪法将直肠内空气排净，或者掏出粪便，五指并拢，掌心向下，在骨盆腔底部可抚摸到软骨状棒状物，即子宫颈。沿着子宫颈向前移动，可触到子宫体和一纵的凹陷，即为角间沟。角间沟两旁左右子宫角分叉处，先将手移至右子宫角，沿右子宫角大弯向前下方抚摸，右子宫角弯曲处，即可碰到右卵巢，用食指和中指将卵巢固定，用拇指肚仔细触摸卵巢的大小、形状、质地和卵泡发育情况，再用相似的动作触诊左卵巢。

直肠检查时，如遇母牛强烈努责或肠壁扩张如坛状，可继续前伸。找到直肠前端收缩处手成锥状，从收缩处中心凹窝往前挤，可使收缩波向后端延伸而消失，直肠壁变软后，即可进行直检操作。

直肠检查要从形状、质感上区别卵巢，空怀不发情牛的卵巢小

（像压扁的枣子），表面光滑。发情牛的卵巢由于卵泡发育而体积增大，在卵泡发育的位置小心触摸，会隐约感到有凸出卵巢的有波动感的小泡，刚排卵后的卵巢变松泡，排卵处略有凹陷使卵巢不规则。有妊娠黄体的卵巢也略增大，黄体部分突出卵巢表面，质硬而顶端不光滑。因牛的情期短，一般排卵在发情结束前两小时至发情结束之后 26 小时，平均排卵时间在发情结束后 12 小时。所以只需确定牛是否真发情，即可不误输精时机。牛发情时内生殖器官最大特征，最容易区别的是子宫角的敏感性与硬度，当牛发情时子宫角敏感度提高，隔直肠触摸，会很快收缩，质地变硬，轮廓清楚，大于不发情牛；子宫颈在发情时却变软，轮廓模糊，大于休情期。从直肠检查，可准确地判别牛是真发情还是假发情（有胎）和不发情。

近年来许多人在探索发情鉴定的新方法，如子宫颈黏液 pH 测定法，子宫黏液涂片法，孕酮含量测定法，虽有进展，但均不及直肠检查法简易准确。

第四节　肉牛繁殖实用新技术

一、人工输精

在合理日粮下母牛产犊后，第一次发情多在产后 40~50 天，这个情期常会发生发情不排卵或排卵无发情征兆。第二个情期在 60~70 天之间，通常发情已正常。但产后营养缺乏以及环境恶化会明显地抑制发情，原始种群最为明显。在放牧饲养的母牛群中也很明显。产后适合配种的时机还受恶露（分娩后子宫黏膜复原过程中，表层变性、脱落，与部分残血和残留的胎水，子宫腺分泌物等混合液）排净的影响，正常 10~12 天排净，子宫复原几乎与恶露排净同步。若因双胎、难产、野蛮接产以及母牛过于瘦弱，则常延到 40 天左右。所以牛产后配种最佳时机是产后 60~90 天之间，能在此期配种则可达到一年一胎的繁殖水平。产后母牛给予合理营养是保证达到一年一胎的基础。若不注意，完全"靠天养牛"则产后发情可能推迟数十天。牛随产后情期的增加，情期受胎率降低。为此，生产中及时把握发情并输精。

1. 输精时间

母牛适宜输精时间在发情旺期的 5~18 小时期间。首次输精在发情旺期的 5~8 小时，即当母牛出现爬跨，阴户肿胀并分泌透明黏液，哞叫时可以输精，当阴户湿润、潮红、轻度肿胀，黏液开始较稀不透明时为最佳输精时间。二次输精间隔 8~12 小时。因为一般情况母牛发情持续期 18 小时，母牛在发情结束后平均 10~15 小时排卵，卵子存活时间为 18~20 小时，精子进入受精部位 2~13 小时，精子在生殖道内保持受精能力 24~50 小时，精子获能时间需 3~4 小时。

由于母牛多在夜间排卵，生产中应夜间输精或清晨输精，避免气温高时输精，尤其在夏季，以提高受胎率。对老弱母牛，发情持续期短，应适当提前配种时间。

2. 输精方法

人工授精有直肠把握子宫颈输精和开阴器输精法两种。直肠把握子宫颈输精部位准确，输精量少，受胎率高，输精前可结合直肠检查掌握卵泡发育情况，做到适时输精，可防止误配假发情牛，对子宫颈过长、弯曲、阴道狭窄的牛都可输精，所需器械也少，正在成为唯一的人工授精方法。

直肠把握子宫颈输精技术的操作方法如下（图 2-20）。

① 将被输精的母牛牵入配种架内进行安全保定，熟练时可不保定，将牛拴系于牛舍内或树桩上。

② 左手戴长臂胶手套，外面淋润滑剂，如肥皂、榆树皮浸液等，侧身站立于牛体后面，先用手抚摸肛门，五指并拢成锥状，以缓慢旋转的动作伸入直肠内，排除积粪。

③ 用清水洗净外阴部并擦干，也可用一次性纸巾擦干；或用 2% 的来苏儿或 0.1% 的高锰酸钾溶液消毒并擦干。

④ 用手腕连同手掌轻压直肠，使阴唇张开，用右手持输精器以 30° 角（与水平面）通过阴唇插入阴道，当输精器碰到阴道上壁时，再以水平角度向前轻而缓慢地插入，以免插入尿道口，有时阴道壁可阻止输精器插入，通过后移输精器或把子宫颈前移再插入。

⑤ 左手沿下前方轻轻触摸，感到有硬度稍大呈线轴状物，即子

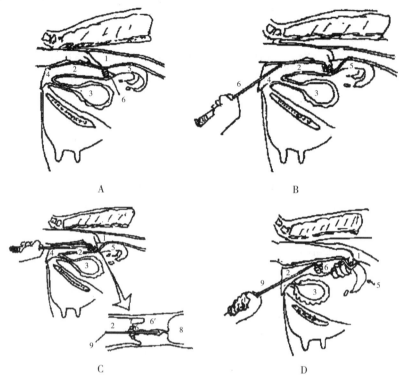

1. 剖开的直肠　2. 剖开的阴道　3. 剖开的膀胱　4. 阴道前庭、阴道口　5. 子宫角
6. 子宫颈阴道部　6′. 剖开的子宫颈　7. 阴道穹窿　8. 子宫腔　9. 输精管

图 2-20　人工输精要领

A. 寻找子宫颈。

B. 拇指和其他四指分开，轻把住子宫颈后端（子宫颈阴道部），使子宫颈后端左右侧阴道壁与子宫颈阴道部紧贴，以免输精管误插到阴道穹窿，手臂下压使阴门开张，把输精管斜往上插入，然后提起送往子宫颈。

C. 两手配合，引导输精管插入子宫颈口，左手稍延伸，把住子宫颈中部，两手配合，使输精管越过数个皱襞轮在子宫颈 2/3~3/4 处把精液输入。

D. 错误操作：① 手抓得太靠前，未固定子宫颈，无法把输精管插入子宫颈深部；② 全掌抓，极易使母牛直肠黏膜（甚至肌层）受伤。

宫颈。

⑥ 左手捏住子宫颈阴道端，右手把输精器前端送到左手所捏部位，然后左右手配合摇动，改变子宫颈与输精管端的相对位置，避免

输精器停留在阴道穹隆，使输精器前端进入子宫颈口，左手前移继续改变子宫颈方向，使输精器越过皱襞轮，插入子宫颈深部 5~8 厘米深，即子宫颈的 2/3~3/4 处。

⑦ 右手将输精器内精液推出，随即抽出输精器。

输精时，每头待输精牛应准备一支输精管，禁止用未消毒的输精管连续给几头母牛输精，输精管应加热到和精液同样的温度，吸取精液后要防尘、保温、防日光照射，可用消毒纱布包裹或消毒塑料管套住，插入工作衣内或衣服夹层内保护；输精母牛暴跳不安，有时反抗，可通过刷拭、拍打尾部、背腰等安抚，不能鞭打、粗暴对待或强行输精；输精员的操作应和母牛体躯摆动相配合，以免输精管断裂及损伤阴道和子宫内膜；寻找输精部位时，严防将子宫颈后拉，或将输精管用力乱捅，以免引起子宫颈出血，少数胎次较高的母牛有子宫下沉现象时，允许将子宫颈上提至输精管水平，输精后再放下去；青年牛的子宫颈较细，不易寻找，输精管也不宜插入子宫颈太深，但要增加输精量；输精完毕后，将输精管内残存的精液及时做活率检查，达不到标准应补输一次。

冷冻精液有颗粒状和细管状两种。颗粒状冷冻精液制作简单，储存成本低，因而价格低廉，但由于冷冻精液颗粒直接与液氮接触，液态氮未经杀菌，这样使冻精受到污染。液态氮虽然温度为 –196.5℃，但只能使病原微生物停止繁衍，并不能使微生物死亡。带有病菌的精液输到黏膜有伤口（或病弱牛）的子宫内均易造成子宫炎，导致难育或不育。细管状精液则没有此缺点，并有标识详尽不易弄错的优点，但价格较高。从综合利益考虑，应该选用细管精液。冷冻精液从解冻到输精的全过程，均应注意避免低温打击造成精子死亡，输精无效。例如解冻后精液温度为 38℃，而输精场所气温只有 5℃，从精液吸到输精管到插入母牛阴道之前，几分钟内温度已下降到 10℃以下，这就是低温打击，大部分精子死亡。若采用低温解冻，解冻后精液温度在 5~10℃，则可避免上述情况发生。

要注意输精器械卫生，每输一头牛，器材全部按规程消毒。已消毒好的器材，不得与未消毒的手套、抹布等接触，以免污染。

采用直肠把握输精，输精枪（管）只许插到子宫颈深部（越过 3

个皱襞轮，在子宫颈的 3/4~4/5 深部），不能插到子宫角内，因为适宜输精的时机（卵巢排卵之际），已是牛发情的末尾，子宫抗病力已下降，这时污染的精液或插入子宫体、子宫角时，输精管把子宫黏膜划伤（子宫黏膜很脆弱），即便输精管消毒彻底，但进入阴道过程中难免被污染（假若阴道已有污染时，会使输精器污染更严重），进入子宫及子宫角，等于输入病菌，造成"人工输病"。精液输到子宫颈深部或输到子宫角的受胎率并无差别，国内外的试验早已证明，精液输到子宫颈外口后 12~15 分钟即到达输卵管，这是由于母牛生殖道的运动与精子本身的运动的综合结果。因而无须插到子宫角。精液只输到子宫颈深部，可避免输精造成子宫炎。输精并非输胚胎，输胚胎则需输到子宫角。

二、同期发情

母牛经激素处理后，使其在相同时间内集中发情，采用方法是用孕激素类使母牛发情周期延长和用溶黄体素使母牛发情周期缩短。但只有中等膘情且日粮平衡的母牛适用此法。

1. 孕激素类法

采用较好的孕激素如孕酮、甲孕酮、甲地孕酮、氯地孕酮和 18-甲基炔诺酮等，进行阴道栓塞、口服、注射等，用药期 16~20 天，处理后的牛群 4~5 天发情。

2. 溶黄体素法

前列腺素及其类似物可溶解成熟黄体，对于有正常发情记录的可在发情周期的第 8~12 天，子宫灌注 PG 0.5~1 毫克，每天 1 次，共两天。母牛处理后 48~96 小时发情。皮下或肌内注射需加大剂量，前列腺素注射后再注射 100 微克促性腺激素释放激素效果更好。

上述两种方法中，以第一种安全，副作用少。第二种则简便，实践中应用较多。

三、超数排卵

超数排卵指应用外源促性腺素处理母牛，促使母牛的卵巢多个卵泡同时发育，并且能够同时或准时排出多个具有受精能力的卵子，简称

"超排"。

超数排卵的处理方法，一种是在预计自然发情的前4天，即发情周期的第16或第17天肌内或皮下注射孕马血清促性腺激素（PMSG）1 500~3 000国际单位，同天注射前列腺素（PGF2α）25~30毫克，为促进排卵，可在发情时肌内注射绒毛膜促性腺激素（HCG）1 000~1 500国际单位。另一种是在发情周期的中期，即在发情周期的第15~18天开始每天上下午各肌内注射一次促卵泡激素纯品，第一天共5毫克，第二天1.6毫克，第三天0.9毫克。处理的母牛从发情后期开始输精以后每隔12小时输精一次，共输3次，有效精子量加倍，输精后6~8天用非手术法冲胚。

超数排卵可诱使母牛产双胎或三胎，一般超排数量最好在10个左右。可充分发挥优良母牛的作用，加速牛群改良，同时是胚胎移植的又一个重要环节，供胚牛以未生育过的青年牛为最优，随胎次增加，超数胚较少，6胎后又有增加的趋势。一年可超排处理两次，随后妊娠1胎，以后又可超排两次。超排牛也必须中等膘情，性周期正常，身体健康，日粮各种营养素平衡。

四、胚胎移植

1. 供体牛的选择

供体牛是指在胚胎移植中，提供胚胎或卵母细胞的母牛。一般选择品种优良、生产性能较高或具有某种遗传特性、体质健壮、繁殖机能正常，且年龄在15月龄到10岁的母牛为宜。

选择标准：遗传性能优良，营养状况良好，生殖机能正常；具有正常发情周期；卵巢丰满，具有一定的弹性和体积；超排开始时，卵巢上应有发育良好的黄体；无繁殖疾病。

2. 母牛超数排卵

超数排卵是胚胎移植的一个重要技术环节。利用上述超数排卵的方法进行超数排卵。

3. 受体牛选择

受体牛是指接受移植胚胎的母牛。一般选用生产性能较低，但体质健康、繁殖机能正常，且与供体牛发情周期同步的母牛作受体。二

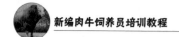

者发情周期相差不超过 24 小时。

选择要求：受体牛应尽量选择产奶性能相对较差母牛、杂种牛或黄牛，只有这样才能体现胚胎移植的优势，加速遗传改良的速度；身体健康，营养状况正常，没有全身或生殖器官感染，没有寄生虫及传染病；生殖机能正常；发情周期正常。移植时，卵巢上有良好的功能性黄体存在；无繁殖疾病；18~21 月龄体重 350~400 千克的青年牛或繁殖机能正常的成年母牛。

4. 采集胚胎

① 供体牛超排发情后的第 7 天用 2 路或 3 路式采卵管进行非手术采卵。冲卵液总量为 1 000 毫升，每侧子宫角各 500 毫升。

② 为保证供体牛安静，便于操作，采卵前需注射静松灵 1~1.5 毫升。

③ 先冲超排效果较好的一侧子宫角，后冲另一侧子宫角。

④ 保证无污染操作。采卵管的前部不要用手触摸或碰触阴门外部。

⑤ 采卵管插入深度符合技术要求，即气囊要在小弯附近，离子宫角底部约 10 厘米。

⑥ 气囊的打气量为 18~20 毫升。冲卵时，进液速度应慢，出液速度应快；先少量进液，再逐渐加大进液量，每次进液量范围在 30~50 毫升。防止冲卵液的丢失。

⑦ 采卵后，供体牛应肌内注射氯前列烯醇（PG）0.4~0.6 毫克，子宫灌注抗生素。

5. 胚胎检查

（1）集卵杯的处理　把集卵杯内的回收液在室温 18~22℃下静置 20~30 分钟，然后将上清液通过集卵漏斗慢慢清除，最后集卵杯内剩下 30~50 毫升回收液，摇动集卵杯将其倒入直径 100 毫米培养皿内。用 PBS 液冲洗集卵杯壁 2~3 次，清洗液倒入集卵漏斗。另一侧子宫角回收液做同样处理。集卵漏斗最后保留的 20 毫升左右液体倒入另一直径 100 毫米培养皿中。上述培养皿待镜检。

（2）观察胚胎的透明带是否破裂　细胞是否紧密完整，有无游离细胞；胚胎的透明度是否正常，如变暗，说明细胞可能变性；细胞大小是否一致。

（3）胚胎的分级标准　将胚胎分成 A、B、C、D 四个等级，其中，A、B、C 级胚胎为可用胚胎，D 级胚胎为不可用胚胎。

6. 移植胚胎

一般在发情后第 6~8 天进行。移植前需要麻醉，常用 2% 普鲁卡因或利多卡因 5 毫升，在荐椎与第一尾椎结合处或第一二尾椎结合处施行麻醉。将装有胚胎的吸管装入移植枪内，用直肠把握法通过子宫颈将移植枪插入子宫角深部，注入胚胎。

第五节　肉牛妊娠诊断技术

经配种受胎后的母牛，即进入妊娠状态。妊娠是母牛的一种特殊性生理状态。从受精卵开始，到胎儿分娩的生理过程称为妊娠期。母牛的妊娠期为 240~311 天，平均为 283 天。妊娠期因品种、个体、年龄、季节及饲养管理水平不同而有差异。早熟品种比晚熟品种短；乳用牛短于肉用牛，黄牛短于水牛；怀母牛犊比公牛犊少 1 天左右，育成母牛比成年母牛短 1 天左右，怀双胎比单胎少 3~7 天，夏季分娩比冬春少 3 天左右，饲养管理好的多 1~2 天。在生产中，为了把握母牛是否受胎，通常采用直肠诊断和 B 超检查的方法。

一、直肠诊断

直肠检查法是判断母牛是否妊娠最普遍、最准确的方法。在妊娠两个月左右可正确判断，技术熟练者在一个月左右即可判断。但由于胚泡的附植在受精后 60（45~75）天，2 个月以前判断的实际意义不大，还有诱发流产的副作用。

直肠检查的主要依据是子宫颈质地、位置；子宫角收缩反应、形状、对称与否、位置及子宫中动脉变化等。这些变化随妊娠进程有所侧重，但只要其中一个征状能明显地表示妊娠，则不必触诊其他部位。

直肠检查要突出轻、快、准确三大原则。其准备过程与人工授精过程相似，检查过程是先摸子宫角，最后是子宫中动脉。

妊娠 30 天时，子宫颈紧缩；两侧子宫角不对称，孕侧子宫角稍增粗、松软，稍有波动感，触摸时反应迟钝，不收缩或收缩微弱，空角较硬而有弹性，收缩反应明显。排卵侧卵巢体积增大，表面黄体突出。

妊娠 60 天时，孕角比空角增粗约 1~2 倍，孕角波动感明显，角间沟已明显。

妊娠 90 天时，子宫颈前移至趾骨前缘，子宫开始沉入腹腔，孕角大如婴儿头，有时可摸到胎儿，在胎膜上可摸到蚕豆大的胎盘；孕角子宫颈动脉根部开始有微弱的震动，角间沟已摸不清楚。

妊娠 120 天时，子宫颈越过趾骨前缘，子宫全部沉入腹腔。只能摸到子宫的背侧及该处的子叶，子宫中动脉的脉搏可明显感到。

随妊娠期的延长，妊娠征状越来越明显。

二、B超诊断

1. B 超的选择

要选择兽用 B 超，因为探头的规格和专业的兽医测量软件是非常重要的。便携，如果仪器很笨重，并且还要接电源，对于临床工作者可能是一件痛苦的事。分辨力是最重要的，如果你看不清图像，你的诊断结果自己都会有疑问。

2. B 超的应用

应用 B 超进行母牛妊娠诊断，要把握正确位置，B 超探头在牛直肠中的位置见图 2-21。B 超检查与直肠检查相比，确诊受孕时间短，直观，效果好。一般在配种 24~35 天 B 超检查可检测到胎儿并能够确诊怀孕，而直肠检查一般在母牛怀孕 50~60 天才可确诊；B 超检查在配种 55~77 天可检测到胎儿性别。B 超确诊怀孕、图像直观、真实可靠，而直肠检查存在一些不确定因素或未知因素。B 超检查在配种 35 天后确诊没有怀孕，则在第 35 天对奶牛进行技术处理，较直肠检查 60 天后方能处理明显缩短了延误的时间。在生产中，除使用 B 超检查诊断母牛受孕与否（图 2-22），还可应用在卵巢检查和繁殖疾病监测等方面。

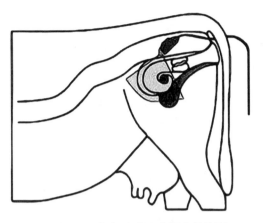

图 2-21 B 超探头在牛直肠中的位置

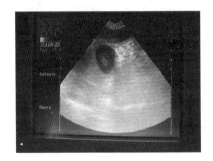

未孕子宫角

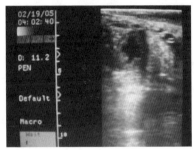

扩张子宫角

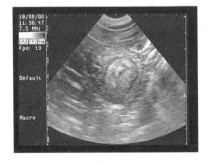

怀孕 30 天

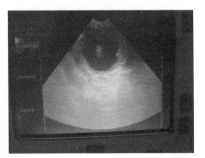

怀孕 32 天

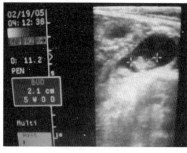

怀孕 38 天　　　　　　　　　　　　　怀孕 43 天

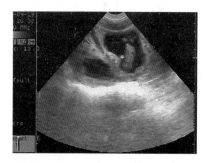

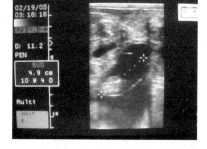

怀孕 66 天　　　　　　　　　　　　　怀孕 74 天

图 2-22　部分 B 超检查图像

第六节　肉牛分娩与助产

一、分娩预兆

母牛妊娠后，为了做好生产安排和分娩前的准备工作，必须精确算出母牛的预产期。预产期推算以妊娠期为基础。

母牛妊娠期为 240~311 天，平均 280 天，有报道说，我国黄牛平均为 285 天。一般肉牛妊娠期为 282~283 天。

妊娠期计算，为配种月份加 9 或减 3，日数加 6 超过 30 上进一个月。如某牛于 2000 年 2 月 26 日最后一次输精，则其预产月份为 2+9=11 月，预产日为 26+6=32 日，上进一个月，则为当年 12 月 2 日预产。

预产期推算出以后，要在预产期前一周注意观察母牛的表现，尤其是对产前预兆的观测，做好接产和助产准备。

分娩前，将所需接产、助产用品，难产时所需产科器械等，消毒药品、润滑剂和急救药品都准备好；预产期前一周把母牛转入专用产房，入产房前，将临产母牛牛体刷拭干净并将产房消毒、铺垫清洁而干燥柔软的干草；对乳房发育不好的母牛应及早准备哺乳品或代乳品。

1. 分娩预兆

分娩前，母牛的生理、精神和生殖器官形态会发生一系列变化，称为分娩征兆。

阴唇：逐渐肿胀，松软，皱褶消失而平展充血，由于水肿使阴门裂开。在分娩前 1~2 周，阴唇下联合开始悬排浅黄色近乎透明的极黏稠黏液，当液体明显变稀和透明，即临产。

阴道及子宫颈：阴道黏液潮红，黏液由浓厚黏稠变成稀薄润滑；子宫颈松弛、肿胀，颈口逐渐开张，黏液塞软化，黏液流入阴道。

骨盆：骨盆韧带松弛，位于尾根两侧的荐生韧带、荐髂韧带均软化松弛，使尾根塌陷，尾巴活动范围变大，下腹部不及原来的膨胀。

乳房：体积逐渐增大，水肿，临产前乳房膨胀，有时可漏出初乳。

精神状态：表现不安、烦躁，食欲减退或废食，起立不安，前肢搂草，常扭头回顾腹部，或用后肢踢下腹部，频频排粪、排尿，但量不多，弓腰举尾。

临产前一周，干物质采食量开始下降，临产前 12 个小时，体温可下降 0.4~0.8℃，临产前几小时食欲突然增加。

2. 分娩过程

母牛分娩的持续时间，从子宫颈开口到胎儿产出，平均为 9 小时，可分为三个时期。

开口期：从子宫开始间歇性收缩起，到子宫颈口完全开张，与阴道的界线完全消失为止，此期为 6 小时左右。经产牛稍短，初产牛稍长。此期牛表现不安，喜欢在比较安静的地方，采食减少，反刍不规律，子宫收缩较微弱，收缩时间短，间歇长，随分娩过程的推进，子宫收缩（阵痛）加剧，但一般不努责。

胎儿产出期：从子宫颈口完全张开，到胎儿从产道产出这段时间为胎儿产出期。此期一般为 30 分钟至 4 小时。此期母牛阵缩时间逐渐延长，间歇时间缩短，腹壁肌、膈肌也发生强烈收缩，开始出现努责，努责力逐渐增强，迫使胎儿连同胎膜从阴门出入数次，发生第一次破水，一般为羊膜绒毛膜破裂，正产时则胎儿前蹄、唇部露出，倒产时；后蹄露出，母牛稍休息后，阵痛、努责再强烈发生，尿囊绒毛膜破裂，发生第二次破水，流出黄褐色液体润滑产道，随之整个胎儿产出，如产双胎，则在 20~120 分钟后产第二个胎儿。

胎衣排出期：胎儿分娩后至整个胎衣完全排出为止，正常情况为4~6 个小时，超过 12 小时（也有人认为 24 小时）则为胎衣不下。胎儿产出后，母牛努责停止，但子宫阵缩仍在继续进行，由于胎儿胎盘血液循环中断，绒毛缩小，同时母体胎盘血液循环也减弱，使胎衣脱离母体，胎盘排出体外。

二、科学助产

母牛分娩时助产，尽可能保证母子安全，减少不必要的损失。

1. 助产方法

临产前，先将母牛外阴、肛门、尾根及后臀、助产人员手臂及助产工具器械等洗净、消毒。引导母牛左侧卧地，避免瘤胃压迫胎儿。最好产前做直肠检查，触摸胎儿方向、位置及姿势。如果胎儿两前肢夹着头先出为顺产，让其自然产出；如果反常，须在母牛努责间歇期将胎儿推回子宫内矫正。如果两后肢先出为倒产，后肢露出时应及时配合母牛努责拉出胎儿，避免胎儿在产道内停留过久而窒息死亡，应注意保护母牛阴门及会阴部。胎儿前肢及头露出而羊膜仍未破裂，此时扯破羊膜，将胎儿口腔、鼻周围的黏膜擦净，以使胎儿呼吸。母子安全受到威胁时，要舍子保母，注意保护母牛的繁殖能力。忌破水过早。

2. 难产处理

通过不让母牛过早配种，妊娠期间合理营养，并安排适当的运动，尤其在产前半个月，要进行早期诊断分娩状态，及时增加上下坡行走运动矫正反常胎位，来防止难产。如果发生难产，请兽医处理。

3. 产后母牛护理

母牛产后生殖器官要逐渐恢复正常状态，子宫 9~12 天可恢复，卵巢需 1 个月时间，阴门、阴道、骨盆及其韧带几天即可恢复，这段时期为产后期。

产后期母牛应加强外阴部的清洁和消毒。恶露需 10~14 天排完，难产、双胎与野蛮接产均造成恶露期延长，子宫复原慢，并由于此期间机体抗病力低，极易转为子宫炎。因此要坚持做好牛体的卫生与环境卫生工作。

产后母牛体内消耗很大，腹压降低明显，应饮喂用 15~20 千克温水、食盐 100~150 克、麦麸 1~2 把调制的麦麸盐水汤，补充水分，增加腹压，帮助恢复体力，产后头两天要饮温水，喂易消化饲料，投料少一些，不宜突然增加精料量，以防引起消化道疾病，5~6 天后可以恢复至正常饲养。

胎衣排出后，可让母牛适当运动，同时注意乳房护理，用温水洗涤，帮助犊牛吸吮乳汁。

技能训练

母牛的分娩与助产。

【目的要求】学会识别判断母牛分娩前预兆，正确给分娩母牛进行助产，提高牛犊成活率。

【训练条件】待产母牛，干燥保暖、干净卫生、经 2%~3% 烧碱溶液或 2%~3% 来苏尔溶液或 10%~20% 生石灰溶液彻底消毒的产房，产期用的饲草、饲料、垫草，接产用的毛巾、肥皂、药棉、剪子、5% 碘酊、消毒药水、脸盆等，必须准备齐全。

【考核标准】

1. 产前准备充分。
2. 分娩前兆判断准确。
3. 助产操作规范，犊牛成活率高。

思考与练习

1. 我国肉牛良种、引进的肉牛良种主要有哪些？
2. 选择肉牛品种要遵循哪些基本原则？
3. 如何通过外部观察和直肠检查法进行母牛的发情鉴定？
4. 怎么对母牛进行妊娠诊断？

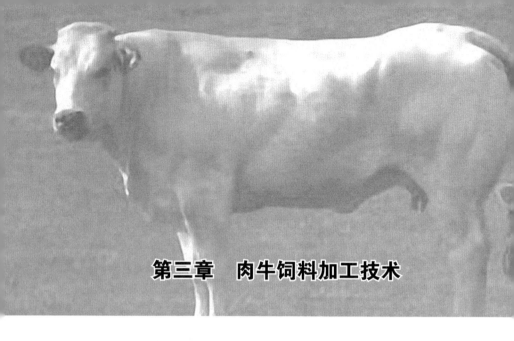

第三章　肉牛饲料加工技术

第一节　肉牛粗饲料及其加工

　　粗饲料是指容重小、纤维成分含量高（干物质中粗纤维含量大于或等于18%）、可消化养分含量低的饲料。主要有牧草与野草、青贮饲料、干草类、农副产品类（藤、秧、蔓、秸、荚、壳）及干物质中粗纤维含量大于等于18%的糟渣类、树叶类和非淀粉质的块根、块茎类。感观要求无发霉、变质、结块、冰冻、异味及臭味。

一、粗饲料的机械加工技术

粗饲料加工处理至关重要。常规的加工方法有切短、磨碎、打浆等，现在机械加工技术有了很大改进，尤其是玉米秸秆的机械加工。

1. 压块

利用饲料压块机，将秸秆压制成高密度饼块，压缩比例可高达20%，能大大减少运输与储存空间。若与烘干设备配合使用，可压制新鲜玉米秸秆，保证其营养成分不变，并能防止霉变。目前，还有加入转化剂后再压缩的技术，利用压缩时产生的温度和压力，使秸秆氨化、碱化、熟化，提高其粗蛋白质含量和消化率，经加工处理后的玉米秸秆截面为 30 毫米 × 30 毫米、长度为 20~100 毫米，密度达600~800 千克 / 米^3，便于运输储存。压块生产成本低，适用于"公司+农户"养殖模式采用。

2. 磨粉

将玉米秸秆粉碎成草粉，经发酵后饲喂肉牛，能代替青干草，调剂饲料的季节性余缺，且喂饲效果较好。凡未发霉、含水率不超过15% 的玉米秸秆，均可作为粉碎的原料。将玉米秸秆用锤式粉碎机进行粉碎，草粉不宜过细，以长 10~20 毫米、宽 1~3 毫米为宜，过细影响肉牛反刍。将粉碎好的玉米秸秆草粉与豆科牧草草粉进行混合，二者比例为 3：1，发酵 1~1.5 天后每立方米草粉中加入骨粉 5~10 千克和玉米面、麦麸等 250~300 千克，充分混匀，即制成草粉发酵混合饲料。

3. 膨化

这是一种物理、生化复合处理方法，其机理是利用螺杆挤压方式把玉米秸秆送入膨化机中，螺杆螺旋推动物料形成轴向流动，同时，由于螺旋与物料、物料与机筒和物料内部的机械摩擦，使物料在强烈挤压、搅拌、剪切下被细化、均化。随着压力增大，温度相应升高，在高温、高压、高剪切作用力条件下，物料的物理特性发生变化，由粉状变成糊状。当糊状物料从模孔喷出的瞬间，在强大压力差的作用下，物料被膨化、失水、降温，产生出结构疏松、多孔、酥脆的膨化物，其较好的适口性和风味受到肉牛喜爱。

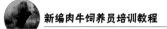

挤压膨化时，温度可达 160℃，不但可以杀灭病菌、微生物、虫卵，提高卫生指标，还可使各种有害因子失活，提高饲料品质，排除导致物料变质的各种有害因素，延长饲料的保质期。

玉米秸秆热喷加工技术是一种与膨化类似的复合处理方法，不同的是将秸秆装入热喷装置中，向内通入饱和水蒸气，使秸秆受到高温高压处理，然后对其突然降压，使处理后的秸秆喷出，从而改变其结构和某些化学成分，提高营养价值。经过膨化和热喷处理的秸秆，可直接饲喂肉牛，也可进行压块处理。

4. 制粒

将玉米秸秆晒干后粉碎，随后加入添加剂拌匀，利用颗粒饲料机制成颗粒饲料。由于加工过程中的摩擦升温，秸秆内部熟化程度深透，加工的饲料颗粒表面光洁，硬度适中，大小一致，并可根据需要调整粒径。此外，可应用颗粒饲料成套设备，自动完成秸秆粉碎、提升、搅拌和进料功能，随时添加各种添加剂，全封闭生产，自动化程度较高，适合饲料加工企业使用。

二、青绿饲料的加工

青草是肉牛最好的饲草。天然牧草的产草量受到土壤、水分、气候等条件的影响。有条件的养殖场，可以种植优质牧草或饲料作物，以供给肉牛充足的新鲜饲草；也可以晒制青干草或制成青贮饲料，在冬春季节饲喂肉牛。

（一）豆科牧草

豆科牧草富含蛋白质，人工栽培相对较多，其中紫花苜蓿、沙打旺、红豆草等适合中原地区栽培，尤其紫花苜蓿，栽培面积广，营养价值高。豆科草有根瘤，根瘤菌有固氮作用，是改良土壤肥力的前茬作物。

1. 紫花苜蓿

注意选择适于当地的品种。播种前要翻耕土地、耙地、平整、灌足底水，等到地表水分合适时进行耕种，施足底肥，有机肥以 3 000~4 000 千克 / 亩为宜。一般在 9 月至 10 月上中旬播种，北部早，南部稍晚。播种量为 0.75~1 千克 / 亩，面积小可撒播或条播，行距为 30 厘米。每亩用 3~4 千克颗粒氮肥作种肥。播种深度以 1.5~2 厘米为宜，土壤较干旱而疏松时播深可至 2.5~3 厘米。也可与生命力强、适口性好的禾本科草混播。因苜蓿种子"硬实"比例较大，播种前要作前处理。

科学的田间管理可保证较高的产草量和较长的利用期。紫花苜蓿苗期生长缓慢，杂草丛生影响苜蓿生长，应加强中耕锄草、使用除草剂、收割等措施。缺磷时苜蓿产量低，应在播前整地时施足磷肥，以后每年在收割头茬草后再适量追施 1 次磷肥。

紫花苜蓿的收割时期根据目的来定，调制青干草或青贮饲料时在初花期收获，青饲时从现蕾期开始利用至盛花期结束。收割次数因地制宜，中原地区可收 4~6 次，北方地区可收割 2~3 次，留茬高度一般 4~5 厘米，最后一茬可稍高，以利越冬。

苜蓿既可青饲，也可制成干草、青贮饲料饲喂。不同刈割时期的紫花苜蓿干草喂肉牛的效果不同。现蕾至盛花期刈割的苜蓿干草对肥育牛的增重效果差异不大，成熟后刈割的干草饲料报酬显著降低（表 3-1）

表 3-1　不同生长期苜蓿干草对肉牛增重的影响　　　　（千克）

生长期	每增重 50 千克需干草量	每亩干草产量	每亩获得牛体增重量
现蕾期	814	680.5	41.8
1/10 开花期	1043	886.3	41.5
盛花期	1 081.5	945.3	43.4
成熟期	1955	955.3	24.5

2. 沙打旺

它也叫直立黄芪，抗逆性强、适应性广、耐旱、耐寒、耐瘠薄、耐盐碱、抗风沙，是黄土高原的当家草种。播种前应精细整地和进行地面处理，清除杂草，保证土墒，施足底肥，平整地面，使表土上松下实，确保全苗壮苗。撒播播种量每亩 2.5 千克。沙打旺一年四季均可播种，一般选在秋季播种好。

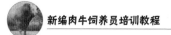

沙打旺在幼苗期生长缓慢,易被杂草抑制,要注意中耕除草。雨涝积水应及时开沟排除。有条件时,早春或刈割后灌溉施肥能增加产量。

沙打旺再生性差,1年可收割两茬,一般用作青饲料或制作干草,不宜放牧。最好在现蕾期或株高70~80厘米时进行刈割。若在花期收获,茎已粗老,影响草的质量,留茬高度为5~10厘米。当年亩产青草300~1 000千克,两年后可达3 000~5 000千克,管理不当3年后衰退。沙打旺有苦味,适口性不如苜蓿,不可长期单独饲喂,应与其他饲草搭配。沙打旺与玉米或其他禾本科作物和牧草青贮,可改善适口性。

3. 红豆草

最适于石灰性壤土,在干旱瘠薄的沙砾土及沙性土壤上也能生长。耐寒性不及苜蓿。不宜连作,须隔5~6年再种。清除杂草,深耕施足底肥,尤其是磷、钾肥和优质有机肥。单播行距30~60厘米,播深3~4厘米。生产干草单播行距20~25厘米,以开花至结荚期刈割最好。混播时可与无芒雀麦、苇状羊茅等混种。年可刈割2~4次,均以第一次产量最高,占全年总产量的50%。一般红豆草齐地刈割不影响分枝,而留茬5~6厘米更利于红豆草再生。红豆草的饲用价值可与紫花苜蓿媲美,苜蓿称为"牧草之王",红豆草为"牧草皇后"。青饲红豆草适口性极好,效果与苜蓿相近,肉牛特别喜欢吃。开花后品质变粗变老,营养价值降低,纤维增多,饲喂效果差。

豆科还有许多优质牧草,如小冠花、百脉根、三叶草等。

(二)禾本科牧草

1. 无芒雀麦

适于寒冷干燥气候地区种植。大部分地区宜在早秋播种。无芒雀麦竞争力强,易形成草层块,多采取单播。条播行距20~40厘米,播种量1.5~2.0千克/亩,播深3~4厘米,播后镇压。栽培条件良好,鲜草产量可达3 000千克/亩以上,每次种植可利用10年。每年可刈割2~3次,以开花初期刈割为宜,过迟会影响草质和再生。无芒雀麦叶多茎少,营养价值很高,幼嫩无芒雀麦干物质中所含蛋白质不亚于豆科牧草。可青饲、青贮或调制干草。

2. 苇状羊茅

耐旱耐湿耐热，对土壤的适应性强，是肥沃和贫瘠土壤、酸性和碱性土壤都可种植的多年生牧草。苇状羊茅为高产型牧草，要注意深耕和施足底肥。一般春、夏、秋播均可，通常以秋播为多，播量为 0.75~1.25 千克 / 亩，条播行距 30 厘米，播深 2~3 厘米，播后镇压。在幼苗期要注意中耕除草，每次刈割后也应中耕除草。青饲在拔节后至抽穗期刈割；青贮和调制干草则在孕穗至开花期。每隔 30~40 天刈割 1 次，每年刈割 3~4 次。每亩可产鲜草 2 500~4 500 千克。苇状羊茅鲜草青绿多汁，可整草或切短喂牛，与豆科牧草混合饲喂效果更好。苇状羊茅青贮和干草，都是牛越冬的好饲草。

3. 象草

象草又名紫狼尾草，为多年生草本植物。栽培时要选择土层深厚、排水良好的土壤，结合耕翻，每亩施厩肥 1 500~2 000 千克作基肥。春季 2—3 月，选择粗壮茎秆作种用，每 3~4 节切成一段，每畦栽两行，株距 50~60 厘米。种茎平放或芽朝上斜插，覆土 6~10 厘米。每亩用种茎 100~200 千克，栽植后灌水，10~15 天即可出苗。生长期注意中耕锄草，适时灌溉和追肥。株高 100~120 厘米即可刈割，留茬高 10 厘米。生长旺季，25~30 天刈割一次，年可刈割 4~6 次，亩产鲜草 1 万 ~1.5 万千克。象草茎叶干物质中含粗蛋白质 10.6%，粗脂肪 2%，粗纤维 33.1%，无氮浸出物 44.7%，粗灰分 9.6%。适期收割的象草，鲜嫩多汁，适口性好，肉牛喜欢吃。适宜青饲、青贮或调制干草。

禾本科牧草还有黑麦草、羊草、披碱草、鸭茅等优质牧草，均是肉牛优良的饲草。

（三）青饲作物

利用农田栽培农作物或饲料作物，在其结实前或结实期收割作为青饲料饲用，是解决青饲料供应的一个重要途径。常见的有青割玉米、青割燕麦、青割大麦、大豆苗、蚕豆苗等。一般青割作物用于直接饲喂或青贮。青割作物柔嫩多汁，适口性好，营养价值比收获籽实后的秸秆高得多，尤其是青割禾本科作物其无氮浸出物含量丰富，用作青贮效果很好，生产中常把青割玉米作为主要的青贮原料。此外，青割燕麦、青割大麦也常用来调制干草。青割幼嫩的高粱和苏丹草中

含有氰苷配糖体，肉牛采食后会在体内转变为氰氢酸而中毒。为防止中毒，宜在抽穗期收割，也可调制成青贮或干草，使毒性减弱或消失。

三、干草晒制

人工栽培牧草及饲料作物、野青草在适宜时期收割加工调制成干草，降低了水分含量，减少了营养物质的损失，有利于长期贮存，便于随时取用，可作为肉牛冬春季节的优质饲料。

（一）干草的收割

青饲料要适时收割，兼顾产草量和营养价值。收割时间过早，营养价值虽高，但产量会降低，而收割过晚会使营养价值降低。所以，适时收割牧草是调制优质干草的关键。一般禾本科牧草及作物，如黑麦草、苇状羊茅、大麦等，应在抽穗期至开花期收割；豆科牧草，如紫花苜蓿、三叶草、红豆草等，在开花初期到盛花期；另外，收割时还要避开阴雨天气，避免晒制和雨淋使营养物质大量损失。

（二）干草的调制

适当的干燥方法，可防止青饲料过度发热和长霉，最大限度地保存干草的叶片、青绿色泽、芳香气味、营养价值以及适口性，保证干草安全贮藏。要根据本地条件采取适当的方法，生产优质的干草。

1. 平铺与小堆晒制结合

青草收割后采用薄层平铺暴晒 4~5 小时使草中的水分由 85% 左右减到约 40%，细胞呼吸作用迅速停止，减少营养损失。水分从 40% 减到 17% 非常慢，为避免长久日晒或遇到雨淋造成营养损失，可堆成高 1 米、直径 1.5 米的小堆，晾晒 4~5 天，待水分降到 15%~17% 时，再堆于草棚内以大堆贮存。一般晴日上午把草割倒，就地晾晒，夜间回潮，次日上午无露水时搂成小堆，可减少丢叶损失。在南方多雨地区，可建简易干草棚，在棚内进行小堆晒制。棚顶四周可用立柱支撑，建于通风良好的地方，进行最后的阴干。

2. 压裂草茎干燥法

用牧草压扁机把牧草茎秆压裂，破坏茎的角质层膜和表皮及微管束，让它充分暴露在空气中，加快茎内的水分散失，可使茎秆的干燥速度和叶片基本一致。一般在良好的空气条件下，干燥时间可缩短

1/2~1/3。此法适合于豆科牧草和杂草类干草调制。

3. 草架阴干法

在多雨地区收割苜蓿时，用地面干燥法调制不易成功，可以采用木架或铁丝架晾晒，其中干燥效果最好的是铁丝架干燥，其取材容易，能充分利用太阳热和风，在晴天经 10 天左右即可获得水分含量为 12%~14% 的优质干草。据报道，用铁丝架调制的干草，比地面自然干燥的营养物质损失减少 17%，消化率提高 2%。由于色绿、味香，适口性好，肉牛采食量显著提高。铁丝架的用材主要为立柱和铁丝。立柱由角钢、水泥柱或木柱制成，直径为 10~20 厘米，长 180~200 厘米。每隔 2 米立一根，埋深 40~50 厘米，成直线排列（列柱），要埋得直、埋得牢，以防倒伏。从地面算起，每隔 40~45 厘米拉一横线，分为三层。最下一层距地面留出 40~45 厘米的间隔，以利通风。用塑料绳将铁丝绑在立柱或横杆上，以防挂草后沉重坠落。每两根立柱加拉一条对称的跨线，以防被风刮倒。大面积牧草地可在中央立柱，小面积或细长的地可在地边立柱。立柱要牢固，铁丝要拉紧和绑紧，以防松弛和倾倒。其做法可参照图 3-1。

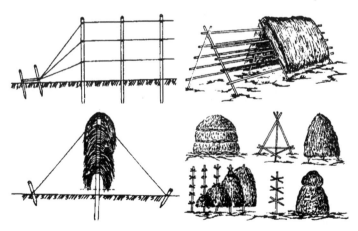

图 3-1 晒制干草的草架

4. 人工干燥法

常温鼓风干燥法：收割后的牧草田间晾到含水 50% 左右时，放到设有通风道的草棚内，用鼓风机或电风扇等吹风装置，进行常温吹风干燥。先将草堆成1.5~2米高，经过3~4天干燥后，再堆高1.5~2米，可继续堆高，总高不超过4.5~5米。一般每方草每小时鼓入300~350方空气。这种方法在干草收获时期，白天、早晨和晚间的相对湿度低于75%，温度高于15℃时可以使用。

高温快速干燥法：将牧草切碎，放到牧草烘干机内，通过高温空气，使牧草快速干燥。干燥时间取决于烘干机的种类、型号及工作状态，从几小时到几十分钟，甚至几秒钟，使牧草含水量从80%左右迅速降到15%以下。有的烘干机入口温度为75~260℃，出口为25~160℃；有的入口温度为420~1 160℃，出口为60~260℃。虽然烘干机内温度很高，但牧草本身的温度很少超过30~35℃。这种方法牧草养分损失少。

（三）干草的贮藏与包装

1. 干草的贮藏

调制好的干草如果没有垛好或含水量高，会导致干草发霉、腐烂。堆垛前要正确判断含水量。具体判断标准见表3-2。

表3-2　断干草含水量的方法

干草含水量	判断方法	是否适合堆垛
15%~16%	用手搓揉草束时能沙沙响，并发出嚓嚓声，但叶量丰富低矮的牧草不能发出嚓嚓声。反复折曲草束时茎秆折断。叶子干燥卷曲，茎上表皮用指甲几乎不能剥下	适于堆垛保藏
16%~18%	搓揉草时没有干裂响声，而仅能沙沙响。折曲草束时只有部分植物折断，上部茎秆能留下折曲的痕迹，但茎秆折不断。叶子有时卷曲，上部叶子软。表皮几乎不能剥下	可以堆垛保藏
19%~20%	握紧草束时不能产生清脆声音，但粗黄的牧草有明显干裂响声。干草柔软，易捻成草辫，反复折曲而不断。在拧草瓣辫时挤不出水来，但有潮湿感觉。禾本科草表皮剥不掉。豆科草上部茎的表皮有时能剥掉	堆垛保藏危险
23%~25%	搓揉没有沙沙的响声。折曲草束时，在折曲处有水珠出现，手插入干草里有凉的感觉	不能堆垛保藏

现场常用拧扭法和刮擦法来判断，即手持一束干草进行拧扭，如草茎轻微发脆，扭弯部位不见水分，可安全贮存；或用手指甲在草茎外刮擦，如能将其表皮剥下，表示晒制尚不充分，不能贮藏，如剥不下表皮，则表示可将干草堆垛。干草安全贮存的含水量，散放为25%，打捆为20%~22%，铡碎为18%~20%，干草块为16%~17%。含水量高不能贮存，否则会发热霉烂，造成营养损失，随时可能引起自燃，甚至发生火灾。

干草贮藏有露天堆垛、草棚堆垛和压捆等方法，贮藏时应注意：

（1）防止垛顶塌陷漏雨　干草堆垛后2~3周内，易发生塌顶现象，要经常检查，及时修整。一般可采用草帘呈屋脊状封顶、小型圆形剁可采用尖顶封顶、麦秸泥封顶、农膜封顶和草棚等形式。

（2）防止垛基受潮　要选择地势高燥的场所堆垛，垛底应尽量避免与泥土接触，要用木头、树枝、石头等垫起铺平并高出地面40~50厘米，垛底四周要挖排水沟。

（3）防止干草过度发酵与自燃　含水量在17%以上时由于植物体内酶及外部微生物的活动常引起发酵，使温度上升至40~50℃。适度发酵可使草垛坚实，产生特有的香味，但过度发酵会使干草品质下降，应将干草水分含量控制在20%以下。发酵产热温度上升到80℃左右时接触新鲜空气即可引起自燃。此现象在贮藏30~40天时最易发生。若发现垛温达到65℃以上时，应立即采取相应措施，如拆垛、吹风降温等。

（4）减少胡萝卜素的损失　堆或垛外层的干草因受阳光的照射，胡萝卜素含量最低，中间及底层的干草，因挤压紧实，氧化作用较弱，胡萝卜素的损失较少。贮藏青干草时，应尽量压实，集中堆大垛，并加强垛顶的覆盖。

（5）准备消防设施，注意防火　堆垛时要根据草垛大小，将草剁间隔一定距离，防止失火后全军覆没，为防不测，提前应准备好防火设施。

2. 干草的包装

有草捆、草垛、干草块和干草颗粒等4种包装形式。

（1）草捆　常规为方形、长方形。目前我国的羊草多为长方形草捆，每捆约重50千克。也有圆形草捆，如在草地上大规模贮备草时多

为大圆形草捆，其直径可达 1.5~2 米。

（2）草垛　是将长草吹入拖车内并以液压机械顶紧压制而成。呈长方形，每垛重 1~6 吨。适于在草场上就地贮存。由于体积过大，不便运输。这种草垛受风吹日晒雨淋的面积较大，若结构不紧密，可造成雨雪渗漏。

（3）干草块　是最理想的包装形式。可实行干草饲喂自动化，减少干草养分损失，消除尘土污染，采食完全，无剩草，不浪费，有利于提高牛的进食量、增重和饲料转化效率，但成本高。

（4）干草颗粒　是将干草粉碎后压制而成。优点是体积小于其他任何一种包装形式，便于运输和贮存，可防止牛挑食和剩草，消除尘土污染。

另外，也有采用大型草捆包塑料薄膜来贮存干草的。

（四）干草的品质鉴别

干草品质鉴定方法有感官（现场）鉴定、化学分析与生物技术法，生产上常通过感官鉴定判断干草品质的好坏。

1. 感官鉴定

（1）颜色气味　干草的颜色是反映品质优劣最明显的标志，颜色深浅可作为判断干草品质优劣的依据。优质青干草呈绿色，绿色越深，营养物质损失越小，所含的可溶性营养物质、胡萝卜素及其他维生素越多，品质也越好。茎秆上每个节的茎部颜色是干草所含养分高低的标记，如果每个节的茎部呈现深绿色部分越长，则干草所含养分越高；若是呈现淡的黄绿色，则养分越少；呈现白色时，则养分更少，且草开始发霉；变黑时，说明已经霉烂。适时刈割的干草都具有浓厚的芳香气味，能刺激肉牛的食欲，增加适口性，若干草具有霉味或焦灼的气味，品质不佳。

（2）叶片含量　干草中叶片的营养价值较高。优良干草要叶量丰富，有较多的花序和嫩枝。叶中蛋白质和矿物质含量比茎多 1~1.5 倍，胡萝卜素多 10~15 倍，粗纤维含量比茎少 50%~100%，叶营养物质的消化率比茎高 40%。干草中的叶量越多，品质就越好。鉴定时可取一束干草，看叶量的多少，优良的豆科青干草叶量应占干草总重量的50% 以上。

（3）牧草形态 初花期或初花期前刈割的干草中含有花蕾、未结实花序的枝条较多，叶量也多，茎秆质地柔软，适口性好，品质也佳。若刈割过迟，干草中叶量少，带有成熟或未成熟种子的枝条数目多，茎秆坚硬，适口性、消化率都下降，品质变劣。

（4）含水量 干草的含水量应为15%~18%。

（5）病虫害情况 有病虫害的牧草调制成的干草营养价值较低，且不利于家畜健康，鉴定时查其叶片上是否有病斑出现，是否带有黑色粉末等，如果发现带有病症，不能饲喂家畜。

2．干草分级

现将一些国家的干草分级标准（表3-3、表3-4、表3-5、表3-6）介绍如下，作为评定干草品质的参考。

内蒙古自治区制定的青干草等级标准如下。

一等：以禾本科草或豆科草为主体，枝叶呈绿色或深绿色，叶及花序损失不到5%，含水量15%~18%，有浓郁的干草香味，但由再生草调制的优良青干草，可能香味较淡。无沙土，杂类草及不可食草不超过5%。

二等：草种较杂，色泽正常，呈绿色或淡绿。叶及花序损失不到10%，有香草味，含水量15%~18%，无沙土，不可食草不超过10%。

三等：叶色较暗，叶及花序损失不到15%，含水量15%~18%，有香草味。

四等：茎叶发黄或变白，部分有褐色斑点，叶及花序损失大于20%，香草味较淡。

五等：发霉，有霉烂味，不能饲喂。

表3-3 国外人工豆科干草的分级标准

	豆科（%）≥	有毒有害物（%）≤	粗蛋白质（%）≥	胡萝卜素（毫克/千克）≥	粗纤维（%）≤	矿物质（%）≤	水分（%）≤
1	90	—	14	30	27	0.3	17
2	75	—	10	20	29	0.5	17
3	60	—	8	15	31	1.0	17

表3-4 国外人工禾本科干草的分级标准

	豆科和禾本科（%）≥	有毒有害物（%）≤	粗蛋白质（%）≥	胡萝卜素（毫克/千克）≥	粗纤维（%）≤	矿物质（%）≤	水分（%）≤
1	90	—	10	20	28	0.3	17
2	75	—	8	15	30	0.5	17
3	60	—	6	10	33	1.0	17

表3-5 国外豆科和禾本科混播干草的分级标准

	豆科（%）≥	有毒有害物（%）≤	粗蛋白质（%）≥	胡萝卜素（毫克/千克）≥	粗纤维（%）≤	矿物质（%）≤	水分（%）≤
1	50	—	11	25	27	0.3	17
2	35	—	9	20	29	0.5	17
3	20	—	7	15	32	1.0	17

表3-6 国外天然刈割草场干草的分级标准

	禾本科和豆科（%）≥	有毒有害物（%）≤	粗蛋白质（%）≥	胡萝卜素（毫克/千克）≥	粗纤维（%）≤	矿物质（%）≤	水分（%）≤
1	80	0.5	9	20	28	0.3	17
2	60	1.0	7	15	30	0.5	17
3	40	1.0	5	10	33	1.0	17

（五）干草的饲喂

优质干草可直接饲喂，不必加工。中等以下质量的干草喂前要铡短到3厘米左右，主要是防止第四胃移位和满足牛对纤维素的需要。为了提高干草的进食量，可以喂干草块。

肉牛饲喂干草等粗料，按每百千克体重计算以1.5~2.5千克干物质为宜。干草的质量越好，肉牛采食干草量越大，精料用量越少。按整个日粮总干物质计算，干草和其他粗料与精料的比例以50∶50最合理。

四、青贮调制

（一）青贮原理

青贮饲料是指在密闭的青贮设施（窖、壕、塔、袋等）中，或经乳酸菌发酵，或采用化学制剂调制，或降低水分而保存的青绿多汁饲料，白色青贮是调制和贮藏青饲料、块根块茎类、农副产品的有效方法。青贮能有效保存饲料中的蛋白质和维生素，特别是胡萝卜素的含量，青贮比其他调制方法都高；饲料经过发酵，气味芳香，柔软多汁，适口性好；可把夏、秋多余的青绿饲料保存起来，供冬春利用，利于营养物质的均衡供应；调制方法简单，易于掌握；不受天气条件的限制；取用方便，随用随取；贮藏空间比干草小，可节约存放场地；贮藏过程中不受风吹、雨淋、日晒等影响，也不会发生自燃等火灾事故。

青贮发酵是一个复杂的生物化学过程。青贮原料入窖后，附着在原料上的好气性微生物和各种酶利用饲料受机械压榨而排出的富含碳水化合物等养分的汁液进行活动，直至容器内氧气耗尽，1~3天形成厌氧环境时才停止呼吸。乙酸菌大量繁殖，产生乙酸，酸浓度的增加，抑制了乙酸菌的繁殖。随着酸度、厌氧环境的形成，乳酸菌开始生长繁殖，生成乳酸。15~20天后窖内温度由33℃降到25℃，pH值由6下降到3.4~4.0，产生的乳酸达到最高水平。当pH值下降至4.2以下时只有乳酸杆菌存在，下降至3时乳酸杆菌也停止活动，乳酸发酵基本结束。此时，窖内的各种微生物停止活动，青贮饲料进入稳定阶段，营养物质不再损失。一般情况下，糖分含量较高的原料如玉米、高粱等在青贮后20~30天就可以进入稳定阶段（豆科牧草需3个月以上），如果密封条件良好，这种稳定状态可继续数年。

玉米秸、高粱秸的茎秆含水量大，皮厚极难干燥，因而极易发霉。及时收获穗轴制作青贮可免霉变损失。

（二）青贮容器

1. 青贮窖

青贮窖有地下式和半地下式两种，见图3-2（a）、图3-2（b）。

地下式青贮窖适于地下水位较低、土质较好的地区，半地下式青贮窖适于地下水位较高或土质较差的地区。青贮窖的形状及大小应根据肉牛的数量、青贮料饲喂时间长短以及原料的多少而定。原则上料少时宜做成圆形窖，料多时宜做成长方形窖。圆形窖直径与窖深之比为 1：1.5。长方形窖的四壁呈 95° 倾斜，即窖底的尺寸稍小于窖口，窖深以 2~3 米为宜，窖的宽度应根据牛群日需要量决定，即每日从窖的横截面取 4~8 厘米为宜，窖的大小以集中人力 2~3 天装满为宜。青贮窖最好有两个，以便轮换搞氨化秸秆用。大型窖应用链轨拖拉机碾压，一般取大于其链轨间距 2 倍以上，最宽 12 米，深 3 米。

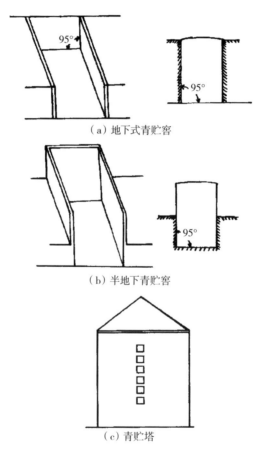

（a）地下式青贮窖

（b）半地下青贮窖

（c）青贮塔

图 3-2　青贮容器形式

窑址应选择在地势高燥、土质坚硬、地下水位低、靠近牛舍、远离水源和粪坑的地方。从长远及经济角度出发，不可采用土窑，宜修筑永久性窑，及用砖石或混凝土结构。土窑既不耐久，原料霉坏又多，极不合算。青贮窑的容量因饲料种类、含水量、原料切碎程度、窑深而变化，不同青贮饲料每立方米重量见表3-7。

表3-7　不同青贮饲料每立方米重量

饲料名称	每立方米重量（千克）
叶菜类，紫云英	800
甘薯藤	700~750
甘薯块根，胡萝卜等	900~1 000
萝卜叶，苦荬菜	610
牧草，野青草等	600
青贮玉米，向日葵	500~550
青贮玉米秸	450~500

当全年喂青贮为主时，每头大牛需窑容13~20米^3，小牛以大牛的1/2来估算窑的容量，大型牛场至少应有2个以上的青贮窑。

2. 圆筒塑料袋

选用0.2毫米以上厚实的塑料膜做成圆筒形，与相应的袋装青贮切碎机配套，如不移动可以做得大些，如要移动，以装满后两人能抬动为宜。塑料袋可以放在牛舍内、草棚内和院子内，最好避免直接晒太阳使塑料袋老化碎裂，要注意防鼠、防冻。

3. 草捆青贮

主要用于牧草青贮，将新鲜的牧草收割并压制成大圆草捆，装入塑料袋，系好袋口便可制成优质的青贮饲料。注意保护塑料袋，不要让其破漏。草捆青贮取用方便，在国外应用较多。

4. 堆贮

堆贮是在砖地或混凝土地上堆放青贮的一种形式。这种青贮只要加盖塑料布，上面再压上石头、汽车轮胎或土就可以。但堆垛不高，青贮品质稍差。堆垛应为长方形而不是圆形，开垛后每天横切4~8厘

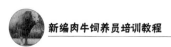

米，保证让牛天天吃上新鲜的青贮。

另外，在国外也有用青贮塔，即为地上的圆筒形建筑，金属外壳，水泥预制件做衬里。长久耐用，青贮效果好，塔边、塔顶很少霉坏，便于机械化装料与卸料。青贮塔的高度应为其直径的 2~3.5 倍，一般塔高 12~14 米，直径 3.5~6 米。在塔身一侧每隔 2 米高开一个 0.6 米×0.6 米的窗口，装时关闭，取空时敞开，见图 3-2（c）。可用于制作低水分青贮、湿玉米粒青贮或一般青贮，青贮饲料品质优良，但成本高。

（三）青贮饲料的制作

1. 青贮原料及其收获

许多青饲料均能青贮，以含糖量多的青饲料较好。从表 3-8 可以看出含糖量高的禾本科作物或牧草易于青贮；豆科作物或牧草含蛋白高，易腐烂，难以青贮，须用其他含糖量高的禾本科青饲料与之混合青贮。

表 3-8　一些青贮原料的含糖量

易于青贮的原料			不易青贮的原料		
饲料	青贮后 pH	含糖量（%）	饲料	青贮后 pH	含糖量（%）
玉米植株	3.5	26.8	草木樨	6.6	4.5
高粱植株	4.2	20.6	箭舌豌豆	5.8	3.62
菊芋植株	4.1	19.1	紫花苜蓿	6.0	3.72
向日葵植株	3.9	10.9	马铃薯茎叶	5.4	8.53
胡萝卜茎叶	4.2	16.8	黄瓜蔓	5.5	6.76
饲用甘蓝	3.9	24.9	西瓜蔓	6.5	7.38
芜菁	3.8	15.3	南瓜蔓	7.8	7.03

原料适时收割，可以获得最大营养物质产量，水分和可溶性碳水化合物含量适当，有利于乳酸发酵，易于调制优质青贮料。一般禾本科牧草宜在孕穗至抽穗期，豆科牧草宜在现蕾至开花初期进行收割。收获果穗后的玉米秸青贮，宜在玉米果穗成熟、玉米茎叶仅有下

部1~2片叶黄时，立即收割玉米秸青贮；或玉米七成熟时，削尖青贮，但削尖时果穗上部要保留一张叶片。

2. 原料含水率的调节

含水率是调制优质青贮的关键之一。普通青贮原料含水量为65%~75%。原料质地不同适宜含水量也有差别。质地粗硬的原料，含水量可高达75%~78%；收割早、幼嫩、多汁柔软的原料，含水量以60%为宜。对含水量过高或过低的原料，青贮时均应处理或调节。通常是通过延长生育期、混贮、调萎或添加干料等方法来进行调节。

青贮原料的含水量最好用分析方法测定。但生产实践中常难以测定，一般用手挤压大致判别：用手握紧一把切碎的原料，如水能从手指缝间滴出，其水分含量在75%~85%；如水从手指缝间渗出并未滴下来，松手后原料仍保持球状，手上有湿印，其水分在68%~75%；手松后若草球慢慢膨胀，手上无湿印，其水分在60%~67%，适于豆科牧草的青贮；如手松后草球立即膨胀，其水分在60%以下，不易作普通青贮，只适于幼嫩牧草低水分青贮。

3. 青贮的制作

青贮前，先将窖底及四周清扫干净衬上塑料薄膜（水泥地面可免），将青贮原料切碎（愈短愈好，便于压实），填装到窖中，边装边压实，特别是窖的四周及四角处更要压实，一般小窖用人工踩实，大型窖则应从窖的一端开始压制，每天压制窖长方向3~10米，当所装原料高出窖口60厘米以上时，用无毒塑料薄膜（最好用双层）覆盖，塑料薄膜宜覆盖到窖口四周1米左右，使窖顶呈馒头状或屋脊状，以利排水和密封，然后在塑料薄膜上平铺一层薄土即可。封口时，撒上些尿素或碳铵，可减少表层饲料的霉败损失。大型青贮窖青贮制作见图3-3。

封窖后3~5天内，应注意检查窖顶，及时填补窖顶下陷处及裂缝处，防止漏水漏气。用禾本科植物制作的青贮，夏天一般在装窖20天以后就可开窖；纯豆科植物青贮，40天以后才可开窖。长方形窖应从背风的一头开窖，每天切取4厘米以上。小窖可将顶部揭开，每天水平取料5厘米以上。取完料后再用塑料膜盖住，防止日晒雨淋和二次发酵损失。取出的青贮料应马上饲喂，冬季应放在室内或圈舍，解冻后再饲喂以免引起母牛流产。

图3-3　大型青贮窖制作示意图

4. 黄贮

将收获了籽实的作物秸秆切碎后喷水（或边切碎边喷水），使秸秆含水量达到40%。为了提高黄贮质量，可按秸秆重量的0.2%加入尿素，3%~5%加入玉米面，5%加入胡萝卜。胡萝卜可与秸秆一块切碎，尿素可制成水溶液均匀地喷洒于原料上。然后装窖、压实，覆盖后贮存起来，密封40天左右即可饲喂。

5. 尿素青贮

在一些蛋白质饲料缺乏的地区，制作尿素青贮是一种可行的方法。玉米青贮干物质中的粗蛋白含量较低，约为7.5%，在制作青贮时，按原料的0.5%加入尿素，这样含水70%的青贮料干物质中即有12%~13%的粗蛋白质，不仅提高了营养价值，还可提高牛的采食量，抑制腐生菌繁殖导致的霉变等。

制作尿素青贮时，先在窖底装50~60厘米厚的原料，按青贮原料的重量算出尿素需要量（可按0.4%~0.6%的比例计算），把尿素制成饱和水溶液（把尿素溶化在水中），按每层应喷量均匀地喷洒在原料上，以后每层装料15厘米厚，喷洒尿素溶液一次，如此反复直到装满窖为止，其他步骤与普通青贮相同（图3-4）。

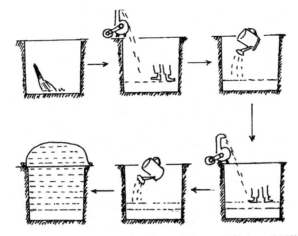

1. 清扫窖底；2. 装料 50~60 厘米踩实；3. 喷入 1/M 尿素（M= 总层数）；
4. 再装料 15 厘米，踩实；5、喷入 1/M 尿素；
6. 以后每装料 15 厘米、踩实，喷入 1/M 尿素，装料到高出窖 1~1.5 米，
用塑料薄膜密封

图 3-4　尿素青贮制作示意图

制作尿素青贮时，要求尿素水溶液喷洒均匀，窖存时间最好在 5 个月以上，以便于尿素渗透、扩散到原料中。饲喂尿素青贮量要逐日增加，经 7~10 天后达到正常采食量，并要逐渐降低精饲料中的蛋白质含量。

6. 青贮添加剂

（1）微生物添加剂　青绿作物叶片上天然存在的有益微生物（如乳酸菌）和有害微生物之比为 10∶1，采用人工加入乳酸菌有利于使乳酸菌尽快达到足够的数量，加快发酵过程，迅速产生大量乳酸，使 pH 值下降，从而抑制有害微生物的活动。将乳酸菌、淀粉、淀粉酶等按一定比例配合起来，便可制成一种完整的菌类添加剂。使用这类复合添加剂，可使青贮的发酵变成一种快速、低温、低损失的过程。从而使青贮的成功更有把握。而且，当青贮打开饲喂时，稳定性也更好。

（2）不良发酵抑制剂　能部分或全部地抑制微生物生长。常用的有无机酸（不包括硝酸和亚硝酸）、乙酸、乳酸和柠檬酸等，目前用得最多的是甲酸和甲醛。对糖分含量少，较难青贮的原料，可添加适量

甲酸，禾本科牧草添加量为湿重的 0.3%，豆科牧草为 0.5%，混播牧草为 0.4%。

（3）好气性变质抑制剂　即抑制二次发酵的添加剂，丙酸、己酸、焦亚硫酸钠和氨等都属于此类添加剂。生产中常用丙酸及其盐类，添加量为 0.3%~0.5% 时可很大程度地抑制酵母菌和霉菌的繁殖，添加量为 0.5%~1.0% 时绝大多数的酵母菌和霉菌都被抑制。

（4）营养性添加剂　补充青贮饲料营养成分和改善发酵过程，常用以下几种。

① 碳水化合物。常用的是糖蜜及谷类。它们既是一种营养成分，又能改善发酵过程。糖蜜是制糖工业的副产品，禾本科牧草或作物青贮时加入量为 4%，豆科青贮为 6%。谷类含有 50%~55% 的淀粉以及 2%~3% 的可发酵糖，淀粉不能直接被乳酸菌利用，但是，在淀粉酶作用下可水解为糖，为乳酸菌利用。例如，大麦粉在青贮过程中能产生相当于自身重量 30% 的乳酸。每吨青贮饲料可加入 50 千克大麦粉。

② 无机盐类。青贮饲料中加石灰石不但可以补充钙，而且可以缓和饲料的酸度。每吨青贮饲料碳酸钙的加入量为 4.5~5 千克。添加食盐可提高渗透压，丁酸菌对较高的渗透压非常敏感而乳酸菌却较为迟钝。添加 0.4% 的食盐，可使乳酸含量增加，醋酸减少，丁酸更少，从而使青贮品质改善，适口性也更好。

虽然每一种添加剂都有在特定条件下使用的理由，但是，不应当由此得出结论：只有使用添加剂，青贮才能获得成功。事实上，只要满足青贮所需的条件，在多数情况下无须使用添加剂。

（四）青贮品质鉴定

青贮饲料品质的评定有感官（现场）鉴定法、化学分析法和生物技术法，生产中常用感官鉴定法。

1. 感官鉴定

通过色、香、味和质地来评定的，评定标准见表 3-9。

表 3-9 青贮饲料感官鉴定标准

等级	颜色	酸味	气味	质地
优良	黄绿色，绿色	较浓	芳香酸味	柔软湿润、茎叶结构良好
中等	黄褐色，墨绿色	中等	芳香味弱、稍有酒精或酪酸味	柔软、水分稍干或稍多、结构变形
低劣	黑色，褐色	淡	刺鼻腐臭味	黏滑或干燥、粗硬、腐烂

2. 化学分析鉴定

（1）酸碱度 是衡量青贮饲料品质好坏的重要指标之一。实验室可用精密酸度计测定，生产现场可用精密石蕊试纸测定 pH 值。优良的青贮饲料，pH 值在 4.2 以下，超过 4.2（低水分青贮除外）说明青贮发酵过程中，腐败菌活动较为强烈。

（2）有机酸含量 测定青贮饲料中的乳酸、醋酸和酪酸的含量是评定青贮料品质的可靠指标。优良的青贮料含有较多的乳酸，少量醋酸，而不含酪酸。品质差的青贮饲料，含酪酸多而乳酸少，如表3-10。

一般情况下，青贮料品质的评定还要进行腐败和污染鉴定。青贮饲料腐败变质，其中含氮物质分解成氨，通过测定氨可知青贮料是否腐败。污染常是使青贮饲料变坏的原因之一，因此常将青贮窖内壁用石灰或水泥抹平，预防地下水的渗透或其他雨水、污水等流入。鉴定时可根据氨、氯化物质及硫酸盐的存在来评定青贮饲料的污染度。

表 3-10 不同青贮饲料中各种酸含量 （%）

等级	pH 值	乳酸	醋酸		酪酸		氨态氮/总氮
			游离	结合	游离	结合	
良好	3.8~4.4	1.2~1.5	0.7~0.8	0.1~0.15	—	—	小于10%
中等	4.5~5.4	0.5~0.6	0.4~0.5	0.2~0.3	—	0.1~0.2	15~20%
低劣	5.5~6.0	0.1~0.2	0.1~0.15	0.05~0.1	0.2~0.3	0.8~1.0	20% 以上

（五）青贮饲料饲喂

青贮原料发酵成熟后即可开窖取用，如发现表层呈黑褐色并有腐臭味以及结块霉变味时，应把表层弃掉。对于直径较小的圆形窖，应由上到下逐层取用，保持表面平整。对于长方形窖，宜从一端开始分段取用，先铲去约1米长的覆土，揭开塑料薄膜，由上到下逐层取用直到窖底。然后再揭去1米长的塑料薄膜，用同样方法取用。每次取料的厚度不应少于9厘米，不要挖窝掏取。每次取完后应用塑料薄膜覆盖露出的青贮料，以防雨雪落入及长时间暴露在空气中引起二次发酵，乳酸氧化为丁酸造成营养物质损失，甚至变质霉烂。

青贮饲料是肉牛的一种良好的粗饲料，一般占日粮干物质的50%以下，初喂时有的牛不喜食，喂量应由少到多，逐渐适应后，即可习惯采食，喂青贮料后，仍需喂给精料和干草（一般2~4千克/天）。每天根据喂量，用多少取多少，否则容易腐臭或霉烂。劣质的青贮料不能饲喂，冰冻的青贮料应待冰融化后再喂。青贮饲料的日喂量对成年肥育牛每100千克体重为4~5千克。对犊牛，6月龄以上一般能较好地采食，6月龄前需要制备专用青贮饲料，3月龄以前最好不喂青贮。

优良的青贮料，动物采食量和生产性能随青贮料消化率的提高而提高，仅喂带果穗青贮料可使肉牛的日增重维持在0.8~1.0千克。青贮饲料的饲养价值受牧草干物质、青贮添加物和牧草切短程度等的影响。

五、秸秆加工

目前我国加工调制秸秆与农副产品的方法很多，有物理、化学和生物学方法。物理法有切碎、粉碎、浸泡、蒸煮、射线照射等，化学法有碱化、氨化、酸化、复合处理等，生物法主要有微贮等。但应用效果较好的是化学方法。

（一）碱化

秸秆类饲料主要有稻草、小麦秸、玉米秸、谷草、高粱秸等，其中稻草、小麦秸和玉米秸是我国乃至世界各国的主要三大秸秆。这三类秸秆的营养价值很低，且很难消化，尤其是小麦秸。如果能将其进行碱化处理，不仅可提高适口性，增加采食量，而且可使消化率在原来基础上提高50%以上，从而提高饲喂效果。

1. 石灰水碱化法

先将秸秆切短，装入水池、水缸等不漏水的容器内，然后倒入0.6%的石灰水溶液，浸泡秸秆10分钟。为使秸秆全部被浸没，可在上面压一重物。之后将秸秆捞出，置于稍有坡度的石头、水泥地面或铺有塑料薄膜的地上，上面再覆盖一层塑料薄膜，堆放1~2天即可饲喂。注意选用的生石灰应符合卫生条件，各有害物质含量不超过标准。

2. 氢氧化钠碱化法

湿碱化法是将切碎的秸秆装入水池中，用氢氧化钠溶液浸泡后捞出，清洗，直至秸秆没有发滑的感觉，控去残水即可湿饲。池中氢氧化钠可重复使用（图3-5）。

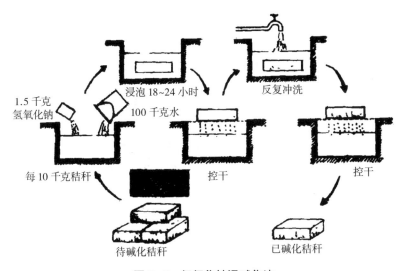

图3-5 氢氧化钠湿碱化法

也有把秸秆切碎，按每百千克秸秆用13%~25%氢氧化钠溶液30千克喷洒，边喷边搅拌，使溶液全部被吸收，搅匀后堆放在水泥、石头或铺有塑料薄膜的地面上，上面再罩一层塑料薄膜，几天后即可饲喂。

用氢氧化钠处理（碱化）秸秆，提高了采食量、消化率和牛的日增重，但碱化秸秆使牛饮水量增大，排尿量增加，尿中钠的浓度增加，用其施肥后容易使土壤碱化。

（二）氨化

秸秆经氨化后，可提高有机物消化率和粗蛋白含量；改善了适口性，提高了采食量和饲料利用效率；氨还可防止饲料霉坏，使秸秆中夹带的野草籽不能发芽繁衍。目前氨化处理常用液氨、氨水、尿素和碳铵等。

1. 液氨氨化

液氨又名无水氨，在常温常压下为无色气体，有强烈刺激气味，在常温下加压可液化，故通常保存于钢瓶中。

用液氨处理秸秆时，应先将秸秆堆垛，通常有打捆堆垛和散草堆垛两种形式。在高燥平坦的地面上，铺展无毒聚乙烯塑料薄膜，把打捆的或切碎的秸秆堆垛。在堆垛过程中，均匀喷洒一些水在草捆或散草上，使秸秆含水量约为20%，（一般每百千克秸秆再喷洒8~11千克水）。垛的大小可根据秸秆量而定，大垛可节省塑料薄膜，但易漏气，不便补贴，且堆垛时间延长，容易引起秸秆发霉腐烂。一般掌握为垛高2~3米，宽2~3米，长度依秸秆量而定。用塑料薄膜把整垛覆盖，和地上的塑料膜在四边重合0.5~1米，然后折叠好，用泥土压紧。垛顶应堆成屋脊形或蒙古包形，便于排雨水，上面再压上木杠、废轮胎等重物。打捆堆垛时为使垛牢固，可用绳子纵横捆牢。最后将液氨罐或液氨车用多孔的专用钢管每隔2米插入草堆通氨，总氨量为秸秆量的3%。通氨完毕，拔出钢管，立即用胶布，将塑膜破口贴封好（图3-6）。

液氨堆垛氨化秸秆时，要防鼠害及人畜践踏塑料膜而引起漏气。为避免这一点也可用窖处理或氨化炉处理（图3-7）。

左：地面砌一高 10~15 厘米，宽 2~4 米，长则按制作量而定；

中：把整捆麦秸用水喷洒，码垛高 2~3 米；

右：用厚无毒塑料薄膜密封，四周用石块和沙土把塑料薄膜边压紧地面密封，用带孔不锈钢锥管按每隔 2 米插入，接上高压气管，通入氨气。为避免风把塑料薄膜刮掉，每隔 1~1.5 米，用绳子两端各拴 5~10 千克石块，搭在草垛上，把垛压紧

图 3-6　整捆堆垛氨化秸秆制作示意图

1.不锈钢加热板；2.板上放碳酸氢铵；3.炉堂；4.灰坑；5.烟道；
6.带隔热层炉墙（氨化炉壁）；7.带隔热层炉门（用电作能源更好操作）

图 3-7　小型以煤为能源氨化炉示意图

氨化效果与温度有关（表 3-11），所以堆垛氨化在冬季需要密封 8 周以上，夏季密封 2 周以上。如用氨化炉，温度不能超过 70℃，否则会产生有毒物质"4-甲基异吡唑"，氨化好后，将草车拉出，任其通风，放掉余氨晾干后贮存、饲喂。

表 3-11　环境温度与氨化时间

环境温度（℃）	氨化时间（天）	环境温度（℃）	氨化时间（天）
0~5	>56	20~30	7~21
5~15	28~56	30~45	3~7
15~20	14~28	70	0.5~1

2. 尿素和碳铵氨化

尿素和碳铵已成为我国广大农民普遍使用的化肥。它来源广，使用方便，效果仅次于液氨，广泛被各地采用。氨对人体有害，液氨处理不当时，会引起中毒甚至死亡，而且液氨运输、储存不便，以尿素或碳铵氨化更安全，适应性更广。

尿素、碳铵氨化秸秆可用垛或窖的形式处理。其制作过程相似于制尿素青贮，不过秸秆的含水量应控制在 35%~45%；尿素的用量为 3%~5%，碳铵用量为 6%~12%。把尿素或碳铵溶于水中搅拌，待其完全溶解后，喷洒于秸秆上，搅拌均匀。边装窖边稍踩实，但不能全踩实，否则氨气流通不畅，不利于氨化，使氨化秸秆品质欠佳。用碳铵时，由于碳铵分解慢，受温度高低左右，以夏天采用较好。开窖（垛）后晾晒时间应长些，以使残余碳铵分解散失，避免牛多吃引起氨中毒。

氨化秸秆品质鉴别有感官鉴定、化学分析和生物技术法。生产中常用感官鉴定法进行现场评定，是通过检查氨化饲料的色泽、气味和质地，以判别其品质优劣。一般分为 4 个等级，如表 3–12 所示。

表 3–12 氨化饲料品质感官鉴定等级

等级	色泽	气味	质地
优良	褐黄	糊香	松散柔软
良好	黄褐	糊香	较柔软
一般	黄白或褐黑	无糊香或微臭	轻度黏性
劣质	灰白或褐黑	刺鼻臭味	黏结成块

氨化成熟的秸秆，需要取出在通风、干燥、洁净的水泥或砖铺地面上摊开、晾晒至水分低于 14% 后贮存。切不可从窖中取出后马上饲喂，虽表面无氨味，但秸秆堆内部仍有游离氨气，须晒干再喂，以免氨中毒。

氨化秸秆可作为成年役牛或 1~2 岁阉牛的主要饲料，每日可喂 8~11 千克，根据体重大小有所不同；肉用或肉役兼用青年母牛，每日可喂 5~8 千克氨化秸秆；生长或肥育牛可据体重和日增重给予氨化秸秆。例如，3%液氨处理的小麦秸、玉米秸、稻草喂黄牛，比未经氨化的日增重分别提高 13.8%、37%、16%，每增重 1 千克分别减少精料耗量 2.62 千克、0.49 千克、0.42 千克。

（三）复合化学处理

用尿素单独氨化秸秆时，秸秆有机物消化率不及用氢氧化钠或氢氧化钙碱化处理；用氢氧化钠或氢氧化钙单独碱化处理秸秆虽能显著提高秸秆的消化率，但发霉严重，秸秆不易保存。二者互相结合，取长补短，即可明显提高秸秆消化率与营养价值，又可防止发霉，是一种较好的秸秆处理方法。

复合化学处理与尿素青贮方法相同。根据中国农业大学研究成果得出：秸秆含水量按 40% 计算出加水量，按每百千克秸秆干物质计算，分别加尿素和氢氧化钙 2~4 千克和 3~5 千克，溶于所加入的水中，将溶液均匀喷洒于秸秆上，封窖即可。

（四）物理加工

1. 铡短和揉碎

将秸秆铡成 1~3 厘米长短，可使食糜通过消化道的速度加快，从而增加了采食量和采食率。以玉米秸为例，喂整株秸秆时，采食率不到 40%；将秸秆切短到 3 厘米时，采食率提高到 60%~70%；铡短到 1 厘米时，采食率提高到 90% 以上。粗饲料常用揉碎机，如揉搓成柔软的"麻刀"状饲料，可把采食率提高到近 100%，而且保持有效纤维素含量。

2. 制粒

把秸秆粉制成颗粒，可提高采食量和增重的利用效率，但消化率并未提高。颗粒饲料质地坚硬，能满足瘤胃的机械刺激，在瘤胃内降解后，有利于微生物发酵及皱胃的消化。草粉的营养价值较低，若能与精料混合制成颗粒饲料，则能获得更好的效果（表 3-13）。

表 3-13　颗粒饲料配方例　　　　　　（克/千克）

玉米秸	玉米粉	豆饼	棉籽饼	小麦麸	磷酸氢钙	食盐	碳酸氢钠
600	125	166	51	33	19	4	2

牛的颗粒饲料可较一般畜禽的大些。试验表明，颗粒饲料可提高采食量，即使在采食量相同的情况下，其利用效率仍高于长草。但制作过程所需设备多，加工成本高，各地可酌情使用。

3. 麦秸碾青

将30~40厘米厚的青苜蓿夹在上下各有30~40厘米厚的麦秸中进行碾压，使麦秸充分吸附苜蓿汁液，然后晾干饲喂。这种方法减少了制苜蓿干草的机械损失和暴晒损失，较完整的保存了其营养价值，而且提高了麦秸的适口性。

第二节　肉牛精饲料加工

精饲料一般指容重大、纤维成分含量低（干物质中粗纤维含量低于18%）、可消化养分含量高的饲料。主要有谷物籽实（玉米、高粱、大麦等）、豆类籽实、饼粕类（大豆饼粕、棉籽饼粕、菜籽饼粕等）、糠麸类（小麦麸、米糠等）、草籽树实类、淀粉质的块根、块茎瓜果类（薯类、甜菜）、工业副产品（玉米淀粉渣、DDGS、啤酒糟粕、豆腐渣等）、酵母类、油脂类、棉籽等饲料原料和多种饲料原料按一定比例配制的精料补充料。

一、精饲料原料种类与选购

精饲料原料种类主要有能量饲料、蛋白质饲料、矿物质饲料、维生素饲料以及饲料添加剂等，详见国家颁布的饲料原料目录。

应选用无毒、无害的饲料原料，同时应注意：不应使用未取得产品进口登记证的境外饲料和饲料添加剂；不应在饲料中使用违禁的药物或饲料添加剂；所使用的工业副产品饲料应来自生产绿色食品和无公害食品的副产品；严格执行《饲料和饲料添加剂管理条例》有关规定；严格执行《农业转基因生物安全管理条例》有关规定；栽培饲料作物的农药使用按 GB 4285 规定执行。

原料采购过程中要保证采购质量合格的原、辅料，采购人员必须掌握和了解原、辅料的质量性能和质量标准；订立明确的原料质量指标和赔偿责任合同，做到优质优价。在原料产地，要实地检查原料的感观特性、色泽、比重、粗细度及其生产工艺，充分了解供货方信誉度及原料质量的稳定程度等。要了解本厂的生产使用情况，熟知原料的库存、仓容和用量情况，防止造成原料积压或待料停产，出现生产与使用脱节的局面；原料进厂，须按批次严格检验产地、名称、品种、数量、等级、包装等情况，并根据不同原料确定不同检测项目。

二、精饲料加工与贮藏

肉牛的日粮由粗饲料和精料组成，在我国粗饲料与国外不同，基本上以农作物秸秆为主，质量较差，因而对精料补充料的营养、品质要求高。肉牛精料补充料的生产工艺流程（图3-8）如下。

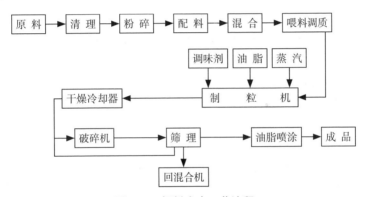

图3-8　饲料生产工艺流程

（一）清理

在饲料原料中，蛋白质饲料、矿物性饲料及微量元素和药物等添加剂的杂质清理均在原料生产中完成，液体原料常在卸料或加料的管路中设置过滤器进行清理。需要清理的主要是谷物饲料及其加工副产品等，主要清除其中的石块、泥土、麻袋片、绳头、金属等杂物。有些辅料由于在加工、搬运、装载过程中可能混入杂物，必要时也需清理。清除这些杂物主要采取的措施：利用饲料原料与杂质尺寸的差异，用筛选法分离；利用导磁性的不同，用磁选法磁选；利用悬浮速度不同，用吸风除尘法除尘。有时采用单项措施，有时采用综合措施。

（二）粉碎

饲料粉碎是影响饲料质量、产量、电耗和成本的重要因素。粉碎机动力配备占总配套功率的 1/3 或更多。常用的粉碎方法有击碎（爪式粉碎机、锤片粉碎机）、磨碎（钢磨、石磨）、压碎、锯切碎（对辊式粉碎机、辊式碎饼机）。各种粉碎方法在实际粉碎过程中很少单独应用，往往是几种粉碎方法联合作用。粉碎过程中要控制粉碎粒度及其均匀性。

（三）配料

配料是按照饲料配方的要求，采用特定的配料装置，对多种不同品种的饲用原料进行准确称量的过程。配料工序是饲料工厂生产过程的关键性环节。配料装置的核心设备是配料秤。配料秤性能的好坏直接影响着配料质量的优劣。配料秤应具有较好的适应性，不但能适应多品种、多配比的变化，而且能够适应环境及工艺形式的不同要求，具有很高的抗干扰性能。配料装置按其工作原理可分为重量式和容积式两种，按其工作过程又可分为连续式和分批式两种。配料精度的高低直接影响到饲料产品中各组分的含量，对肉牛的生产影响极大。其控制要点是：选派责任心强的专职人员把关。每次配料要有记录，严格操作规程，搞好交接班；配料秤要定期校验；每次换料时，要对配料设备进行认真清洗，防止交叉污染；加强对微量添加剂、预混料、尤其是药物添加剂的管理，要明确标记，单独存放。

（四）混合

混合是生产配合饲料中，将配合后的各种物料混合均匀的一道关键工序，它是确保配合饲料质量和提高饲料效果的主要环节。同时在饲料工厂中，混合机的生产效率决定工厂的规模。饲料中的各种组分混合不均匀，将显著影响肉牛生长发育，轻者降低饲养效果，重者造成死亡。

常用混合设备有卧式混合机、立式混合机和锥形混合机。为保证最佳混合效果，应选择适合的混合机，如卧式螺带混合机使用较多，生产效率较高，卸料速度快。锥形行星混合机虽然价格较高，但设备性能好，物料残留量少，混合均匀度较高，并可添加油脂等液体原料，较适用于预混合；进料时先把配比量大的组分大部分投入机内后，再将少量或微量组分置于易分散处；定时检查混合均匀度和最佳混合时间；防止交叉污染，当更换配方时，必须对混合机彻底清洗；应尽量减少混合成品的输送距离，防止饲料分级。

（五）制粒

随着饲料工业和现代养殖业的发展，颗粒饲料所占的比重逐步提高。颗粒饲料主要是由配合粉料等经压制成颗粒状的饲料。颗粒饲料虽然要求的生产工艺条件较高，设备较昂贵，成本有所增加，但颗粒配合饲料营养全面，免于动物挑食，能掩盖不良气味减少调味剂用量，在贮运和饲喂过程中可保持均一性，经济效益显著，故得到广泛采用和发展。颗粒形状均匀，表面光泽，硬度适宜，颗粒直径断奶犊牛为 8 毫米，超过 4 个月的肉牛为 10 毫米，颗粒长度是直径的 1.5~2.5 倍为宜；含水率 9%~14%，南方在 12.5% 以下，以便贮存；颗粒密度（比重）将影响压粒机的生产率、能耗、硬度等，硬颗粒密度以 1.2~1.3 克 / 厘米^3，强度以 0.8~1.0 千克 / 厘米^2 为宜；粒化系数要求不低于 97%。

（六）贮存

精饲料一般应贮存于料仓中（图 3-9）。料仓应建在高燥、通风、排水良好的地方，具有防淋、防火、防潮、防鼠雀的条件。不同的饲料原料可袋装堆垛，垛与垛之间应留有风道以利通风。饲料也可散放于料仓中，用于散放的料仓，其墙角应为圆弧形，以便于取料，不同

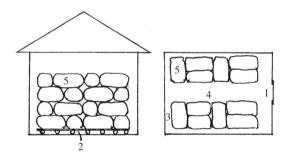

1. 密封防鼠门；2. 木制或金属制垫货架，使饲料与地面有 15~20 厘米的空隙；
3. 料垛与墙间隔空隙不少于 15 厘米；4. 走道 1.2~1.5 米便于运送饲料和质量监控；
5. 袋装饲料

图 3-9　农户饲料仓储示意图

种类的饲料用隔墙隔开。料仓应通风良好，或内设通风换气装置。以金属密封仓最好，可把氧化、鼠和雀害降到最低；防潮性好，避免大气湿度变化造成返潮；消毒、杀虫效果好。

贮存饲料前，先把料房打扫干净，关闭料仓所有窗户、门、风道等，用磷化氢或溴甲烷熏蒸料仓后，即可存放。

精饲料贮存期间的受损程度，由含水量、温度、湿度、微生物、虫害、鼠害等储存条件而定。

1. 含水量

不同精料原料贮存时对含水量要求不同（表3-14），水分大会使饲料霉菌、仓虫等繁殖。常温下含水量15%以上时，易长霉，最适宜仓虫活动的含水量为13.5%以上；各种害虫，都随含水量增加而加速繁殖。

表3-14 不同精料安全贮存的含水量

精料种类	含水量（%）	精料种类	含水量（%）
玉 米	≤ 12.5	米 糠	≤ 12
稻 谷	≤ 13.5	麸 皮	≤ 13
高 粱	≤ 13	饼 类	8~11
大 麦	≤ 12.5		
燕 麦	≤ 13		

2. 温度和湿度

温度和湿度两者直接影响饲料含水量多少（表3-15），从而影响贮存期长短。另外，温度高低还会影响霉菌生长繁殖。在适宜湿度下，温度低于10℃时，霉菌生长缓慢；高于30℃时，则将造成相当危害。不同温度和不同含水量的精料安全贮存期见表3-16。

表 3-15　饲料中水分含量与相对湿度的关系

饲料种类	温度（℃）	相对湿度（%）					
		50	60	70	80	90	100
		水分含量（%）					
苜蓿粉	29	10.0	11.5	13.8	17.4		
米糠	21~27			14.0	18.0	22.7	38.0
大豆	25	8.0	9.3	11.5	14.5	18.8	
骨粉	21~27			14.1	10.8	22.7	38.0

3. 虫害和鼠害

在 28~38℃时最适宜害虫生长，低于 17℃时，其繁殖受到影响，因此饲料贮存前，仓库内壁、夹缝及死角应彻底清除，并在 30℃左右温度下熏蒸磷化氢，使虫卵和老鼠均被毒死。

表 3-16　不同条件下精料安全贮存期　　　　（天）

温度（℃）	水分含量（%）				
	14	15.5	17	18.5	20
10	256	128	64	32	16
15	128	64	32	16	8
21	64	32	16	8	4
27	32	16	8	4	2
32	16	8	4	2	1
38	8	4	2	1	0

4. 霉害

霉菌生长的适应温度为 5~35℃，尤其在 20~30℃时生长最旺盛。防止饲料霉变的根本办法是降低饲料含水量或隔绝氧气，必须使含水量降到 13% 以下，以免发霉。如米糠由于脂肪含量高达 17%~18%，脂肪中的解脂酶可分解米糠中的脂肪，使其氧化酸败不能作饲料；同时，米糠结构疏松，导热不良，吸湿性强，易招致虫螨和霉菌繁殖而发热、结块甚至霉变，因此米糠只宜短期存放。存放时间较长时，可

将新鲜米糠烘炒至90℃，维持15分钟，降温后存放。麸皮与米糠一样不宜长期贮存，刚出机的麸皮温度很高，一般在30℃以上，应降至室温再贮存。

第三节　辅料的选择及处理

一、糟渣类

（一）甜菜渣

甜菜渣是甜菜制糖时压榨后的残渣，新鲜甜菜渣含水量70%~80%，适口性好，易消化。干甜菜渣为灰色或淡灰色，略具甜味，呈粉或丝状，无氮浸出物含量可达56.5%，而粗蛋白质和粗脂肪少。粗纤维含量多，但较易消化。矿物质中钙多磷少，维生素中除烟酸含量稍多外，其他均低。甜菜渣中含有较多的游离有机酸，喂量过多易引起腹泻。每天的喂量为：肉牛40千克、犊牛和种公牛应少喂或不喂。饲喂时，应适当搭配一些干草、青贮料、饼粕、糠麸、胡萝卜以补充其不足的养分。

（二）饴糖渣

饴糖的主要成分是麦芽糖，是采用酶解方法将粮食中的淀粉转化而成，用于生产制造糖果和糕点。饴糖渣的营养成分视原料和加工工艺而有所不同。一般来讲，饴糖渣含糖高，含粗纤维低，还含有一定量的粗蛋白质和粗脂肪，饲用价值与谷类相近，高于糠麸。饴糖渣味甜香，消化率高，是饲料中的优良调味品。

（三）啤酒糟

啤酒糟是大麦提取可溶性碳水化合物后的残渣，故其成分除淀粉少外，与大麦组成相似，但含量按比例增加。粗蛋白质含量为22%~27%，氨基酸组成与大麦相似。粗纤维含量较高，矿物质、维生素含量丰富。粗脂肪高达5%~8%，其中亚油酸占50%以上。无氮浸出物为39%~43%，以五碳糖类戊聚糖为主，多用于反刍动物饲料，效果较好。用于肉牛，可取代部分或全部大豆饼粕，可改善尿素利用效果，防止瘤胃角化不全和消化障碍。犊牛饲料中使用20%的啤酒糟也不影响生长。

（四）白酒糟

用富含淀粉的原料（如高粱、玉米、大麦等）酿造白酒，所得的糟渣副产品即为白酒糟。就粮食酒来说，由于酒糟中可溶性碳水化合物发酵成醇被提取，其他营养成分如蛋白质、脂肪、粗纤维与灰分等含量相应提高，而无氮浸出物相应降低。而且由于发酵使 B 族维生素含量大大提高，也产生一些未知生长因子。酒糟中各营养物质消化率与原料相比没有差异，因而其能值下降不多。但是在酿酒过程中，常常加入20%~25%的稻壳，这使粗纤维含量较高，营养价值大为降低。酒糟对肉牛有良好的饲用价值，可占精料总量的50%以下。

（五）豆腐渣

以大豆为原料制造豆腐的副产品，鲜豆腐渣水分含量高，可达78%~90%，干物质中粗蛋白和粗纤维含量高，维生素大部分转移到豆浆中，它和豆类一样含有抗胰蛋白酶等有害因子，故需煮熟后利用。鲜豆腐渣经干燥、粉碎后可作配合饲料原料，但加工成本高。鲜豆腐渣是牛良好的多汁饲料。

（六）粉渣

以豌豆、蚕豆、马铃薯、甘薯、木薯等为原料生产淀粉、粉丝、粉条、粉皮等食品的残渣。由于原料不同，其营养成分也有差异。鲜粉渣的含水量很高，可达80%~90%，因其中含有可溶性糖，易引起乳酸菌发酵而带酸味，pH 值一般为4.0~4.6，存放时间越长，酸度愈大，且易被霉菌和腐败菌污染而变质，丧失饲用价值。故用作饲料时需进行干燥处理，干粉渣的主要成分为无氮浸出物，粗纤维含量较高，蛋白质、钙、磷含量较低。粉渣是肉牛的良好饲料，但不宜单喂，最好和其他蛋白质饲料、维生素类等配合饲喂。

（七）苹果渣

苹果渣主要是罐头厂的下脚料，其中大部分是苹果皮、核及不适于食用的废果。其成分特点是无氮浸出物和粗纤维含量高，而蛋白质含量较低，并含有一定量的矿物质和丰富的维生素。鲜苹果渣可直接喂牛，也可以晒干制粉后用作饲料原料。苹果渣营养丰富，适口性好，

多用肉牛饲料，可占精料的50%。此外也可制成青贮料使用。编者曾以苹果渣代替20%的精料饲喂肥育肉牛，日增重差异不显著，表明苹果渣可以替代部分精料，从而降低饲养成本。

二、粮食加工副产品

（一）米糠与脱脂米糠

稻谷的加工副产品称为稻糠，稻糠可分为砻糠、米糠和统糠。砻糠是粉碎的稻壳；米糠是糙米精制成大米时的副产品，由种皮、糊粉层、胚及少量的胚乳组成；统糠是米糠与砻糠的混合物；榨油后为脱脂米糠。

米糠的营养价值受大米加工精制程度的影响，精制程度越高，则米糠中混入的胚乳就越多，其营养价值也就越高。粗蛋白质含量比麸皮低，但比玉米高；粗脂肪含量可达15%，脂肪酸多属不饱和脂肪酸；富含维生素E，B族维生素含量也很高，但缺乏维生素A、维生素D、维生素C；粗灰分含量高，钙磷比例极不平衡，磷含量高，锰、钾、镁含量较高；含有胰蛋白酶抑制因子，加热可使其失活，否则采食过多易造成蛋白质消化不良。此外，米糠中脂肪酶活性较高，长期贮存易引起脂肪变质。米糠用作牛饲料，适口性好，能值高，在肉牛精料中可用至20%。

（二）小麦麸

小麦麸俗称麸皮，来源广，数量大，是我国北方畜禽常用的饲料原料，全国年产量可达400万~600万吨。根据小麦加工工艺不同，小麦麸的营养质量差别很大。"先出麸"工艺是：麦子剥三层皮，头碾麸皮、二碾麸皮是种皮，其营养价值与秸秆相同，三碾麸皮含胚，营养价值高，这种工艺的麸皮是头碾麸皮、二碾麸皮和三碾麸皮及提取胚后的残渣的混合物，其营养远不及传统的"后出麸"工艺麸皮。小麦麸容积大，纤维含量高，适口性好，是肉牛优良的饲料原料。根据小麦麸的加工工艺及质量，肉牛精料中可用到30%，但用量太高反而失去效果。

（三）大麦麸

大麦麸是加工大麦时的副产品，分为粗麸、细麸及混合麸。粗麸多为碎大麦壳，因而粗纤维高。细麸的能量、蛋白质及粗纤维含量皆优于小麦麸。混合麸是粗细麸混合物，营养价值也居于两者之间。可用于肉牛，在不影响热能需要时可尽量使用，对改善肉质有益，但生长期肉牛仅可使用 10%~20%，太多会影响生长。

（四）玉米糠

玉米糠是玉米制粉过程中的副产品之一，主要包括种皮、胚和少量胚乳。可作为肉牛的良好饲料。玉米品质对成品品质影响很大，尤其含黄曲霉毒素高的玉米，玉米糠中毒素的含量为原料玉米的 3 倍之多，这一点应注意。

（五）高粱糠

高粱糠是加工高粱的副产品，其消化能和代谢能都比小麦麸高，但因其中含有较多的单宁，适口性差，易引起便秘，故喂量应控制。在高粱糠中，若添加 5% 的豆饼，再与青饲料搭配喂牛，则其饲用价值将得到明显提高。

（六）谷糠

谷糠是谷子加工小米的副产品，其营养价值随加工程度而异，粗加工时，除产生种皮和秕谷外，还有许多颖壳，这种粗糠粗纤维含量很高，可达 23% 以上，而蛋白质只有 7% 左右，营养价值接近粗饲料。

三、多汁饲料

块根块茎及瓜类饲料包括木薯、甘薯、马铃薯、胡萝卜、饲用甜菜、芜菁甘蓝、菊芋及南瓜等，这类饲料含水量高，容积大，但以干物质计其能值类似于谷实类，且粗纤维和蛋白质含量低，故应属于能量饲料。

（一）甘薯

甘薯又名红薯、白薯、番薯、地瓜等，是我国种植最广、产量最大的薯类作物。新鲜甘薯是一种高水分饲料，含水量约 70%，作为饲料除了鲜喂、熟喂外，还可以切成片或制成丝再晒干粉碎成甘薯粉使用。甘薯的营养价值比不上玉米，其成分特点与木薯相似，但不含氢氰酸。甘薯粉中无氮浸出物占 80%，其中绝大部分是淀粉。蛋白质含量低，且含有胰蛋白酶抑制因子，但加热可使其失活，提高蛋白质消

化率。可作为肉牛良好的热能来源，鲜甘薯忌冻，必须贮存在 13℃左右的环境下才比较安全。保存不当时，会生芽或出现黑斑。黑斑甘薯有苦味，牛吃后易引发喘气病，严重者甚至死亡。甘薯制成甘薯粉后便于贮藏，但仍需注意勿使其发霉变质。

（二）马铃薯

马铃薯又称土豆、地蛋、山药蛋、洋芋等，我国主要产区是东北、内蒙古及西北黄土高原，华北平原也有种植。马铃薯块茎中含淀粉80%，粗蛋白质 11% 左右。马铃薯中含有一种有毒的配糖体，叫做龙葵素（茄素），采食过多会使家畜中毒。另外还含有胰蛋白酶抑制因子，妨碍蛋白质的消化。成熟而新鲜的马铃薯块茎中毒素含量不多（为0.005%~0.01%），对肉牛适口性好。当马铃薯贮存不当而发芽变绿时，龙葵素就会大量生成，一般在块茎青绿色皮上、芽眼及芽中最多。所以应科学保存，尽量避免其发芽、变绿，对已发芽变绿的茎块，喂前注意除去嫩芽及发绿部分，并进行蒸煮，且煮过的水不能利用。

（三）胡萝卜

胡萝卜产量高、易栽培、耐贮藏、营养丰富，是家畜冬、春季重要的多汁饲料。胡萝卜的营养价值很高，大部分营养物质是无氮浸出物，并含有蔗糖和果糖，故有甜味。胡萝卜素尤其丰富，为一般牧草饲料所不及。胡萝卜还含有大量的钾盐、磷盐和铁盐等。一般来说，颜色越深，胡萝卜素和铁盐含量越高，红色的比黄色的高。生产中，在青饲料缺乏季节，向干草或秸秆比重较大的日粮中添加一些胡萝卜，可改善日粮口味，调节消化机能。对于种牛，饲喂胡萝卜供给丰富的胡萝卜素，对于公畜精子的正常生成及母畜的正常发情、排卵、受孕与怀胎，都有良好作用。胡萝卜熟喂，其所含的胡萝卜素、维生素 C 及维生素 E 会遭到破坏，最好生喂，一般肉牛日喂 15~20 千克。

第四节　肉牛全混合日粮加工技术

全混合日粮（Total Mixed Ration, TMR）是根据肉牛在不同生长发育和生产阶段的营养需要，按营养专家设计的日粮配方，用特制的搅拌机将粗饲料、青饲料、青贮饲料和精料补充料按比例充分进行搅拌、切割、混合加工而成的一种营养相对平衡的混合饲料。

一、全混合日粮的配制原则

（一）注意适口性和饱腹感

肉牛日粮配制时必须考虑饲料原料的适口性，要选择适口性好的原料，确保肉牛采食量。同时，要兼顾肉牛是否能够有饱腹感，及满足肉牛最大干物质采食量的需要。

（二）满足营养需求

肉牛全混合日粮的配制要符合肉牛饲养标准，并充分考虑实际生产水平。要满足一定体重阶段预计日增重的营养需要，喂量可高出饲养标准的1%~2%，但不应过剩。

（三）适宜精粗比例

肉牛日粮精粗饲料比例根据粗饲料的品质优劣和肉牛生理阶段以及育肥时期不同而有所区别。一般按精粗比（30~70）:（70~30）搭配，确保中性洗涤纤维（NDF）占日粮干物质至少达28%，其中粗饲料的NDF占日粮干物质的21%以上，酸性洗涤纤维（ADF）占日粮18%以上。

（四）原料组成多样化

肉牛日粮原料品种要多样化，不要过于单调，要多种饲料搭配，便于营养平衡、全价。尽量采用当地资源，充分利用下脚料、副产品，以降低饲养成本。

（五）饲料种类保持稳定

避免日粮组成骤变，造成瘤胃微生物不适应，从而影响消化功能，甚至导致消化道疾病。所用饲料要干净卫生，注意各类饲料的用量范围，防止含有有害因子的饲料用量超标。

二、全混合日粮的制作技术

（一）设施与加工设备

1. 设施

（1）饲料搅拌站　要靠近干草棚和精饲料库，搭建防雨遮阳棚，

檐高 >5 米，棚内面积 >300 米²；15 厘米加盘水泥地面处理，内部设有精饲料堆放区、辅饲料处理及堆放区。部分牛场需在搅拌站堆放青贮饲料，需加大搅拌站面积；各种饲料组分采用人工添加或装载机添加要考虑地面落差，采用二次搬运的牛场搅拌站设计同样要考虑这一问题（图 3–10）。

图 3–10　某牛场的饲料搅拌站

（2）干草棚　干草棚（图 3–11）檐高不低于 5 米，面积据饲喂肉牛数量而定，地面硬化。

图 3–11　某牛场的干草棚

（3）精料加工车间及精料库　自配料的标准化养殖场需要精饲料加工车间，购买精料补充料的小区可根据饲养规模建设精料库。

（4）青贮设施　青贮设施有青贮塔、青贮窖、青贮壕、青贮袋或用塑料膜打包青贮等，目前新建规模化养殖场多采用地上窖（图3-12），很适合于移动式 TMR 饲料搅拌车抓取青贮料。

图 3-12　地上青贮窖

（5）舍门　采用移动式 TMR 搅拌车的养殖场，舍门高度至少 3 米，宽度至少 3 米；采用固定式 TMR 搅拌机，舍门高度至少 2 米，宽度至少 2 米。

（6）饲喂通道　采用移动式 TMR 搅拌车的养殖场，圈舍饲喂通道宽度为 3.8~4.5 米；采用固定式 TMR 搅拌机的养殖场，圈舍饲喂通道宽度为 1.2~1.8 米。

（7）饲槽　高度适宜，方便上料，底面光滑、耐用、无死角，便于清扫。通常采用平地式饲槽。

2. 加工设备

（1）粉碎机　玉米、豆粕等籽实类饲料原料粉碎时选用锤片式饲料粉碎机应符合 JB/T 9822.1—2008 要求。

（2）铡草机　苜蓿、野干草、农作物秸秆等粗饲料原料铡短时选用铡草机应符合 JB/T 9707.1—1999 要求，通常用于铡短干草和制作青贮饲料。块根、块茎类饲料切碎时选用青饲料切碎机应符合 JB/T

7144.1—2007 要求。

（3）饲料混合机　玉米、豆粕等籽实类饲料原料粉碎后混合加工精料补充料选用饲料混合机应符合 JB/T 9820.2—1999 要求。

（4）TMR 搅拌　TMR 搅拌机（图 3-13）据外形分立式和卧式，据动力分移动式（自走式、牵引式）和固定式。选择 TMR 设备时要考虑：① 以日粮结构组成决定立式和卧式；② 以牛舍结构和道路决定固定和移动；③ 以养殖规模决定搅拌机大小：200 头以下 4~6 米³，200~500 头 8~10 米³，500~800 头 10~12 米³，800~1000 头 14~18 米³；④ 以经济状况确定全自动、牵引式。

移动式　　　　　　　　　　固定式

图 3-13　TMR 搅拌车

（二）全混合日粮设计

1. 确定营养需要

如根据肉牛分群（生理阶段和生产水平）、体重和膘情等情况，以肉牛饲养标准为基础，适当调整肉牛营养需要。根据营养需要确定 TMR 的营养水平，预测其干物质采食量，合理配制肉牛日粮。

2. 饲料原料选择及其成分测定

根据当地饲草饲料资源情况及可采购原料，选择质优价廉的原料；原料粗蛋白质、粗脂肪、粗纤维、水分、钙、总磷和粗灰分的测定分别按照 GB/T 6432-1994、GB/T 6433-2006、GB/T 6434-2006、GB/T 6435-2014、GB/T 6436-2002、GB/T 6437-2002 和 GB/T 6438-2007 进行。无条件测定的可参考饲料营养价值成分表。

3．配方设计

根据确定的肉牛 TMR 营养水平和选择的饲料原料，分析比较饲料原料成分和饲用价值，设计最经济的饲料配方。

4．日粮优化

在满足营养需要的前提下，追求日粮成本最小化。精料补充料干物质最大比例不超过日粮干物质的 60%。保证日粮降解蛋白质（RDP）和非降解蛋白质（UDP）相对平衡，适当降低日粮蛋白质水平。添加保护性脂肪和油籽等高能量饲料时，日粮脂肪含量（干物质基础）不超过 6%。

（三）饲料原料的准备

1．原料管理

饲料及饲料添加剂按照 NY 5048–2001 执行。精料补充料应符合 SB/T 10261 要求。饲料原料贮存过程中应防止雨淋发酵、霉变、污染和鼠（虫）害。饲料原料按先进先出的原则进行配料，并作出入库、用料和库存记录。

2．原料准备

玉米青贮：调制青贮饲料，要严格控制青贮原料的水分（65%～70%），原料含糖量要高于 3%，切碎长度以 2～4 厘米较为适宜，快速装窖和封顶，窖内温度以 30℃为宜。

干草类：干草类粗饲料要粉碎，长度 3～4 厘米。

糟渣类：水分控制在 65%～80%。

精料补充料：直接购入或自行加工。

饲料卫生：清除原料中的金属，塑料袋（膜）等异物。符合《饲料卫生标准》（GB 13078–2001）要求。

原料质量控制：采用感官鉴定法和化学分析法进行。青贮饲料质量按照青贮饲料质量评定标准评定。精料补充料质量根据 SB/T 10261 评定。其他参照 NY 5048—2001 执行。

（四）TMR 制作技术

1．搅拌车装载量

根据搅拌车说明，掌握适宜的搅拌量，避免过多装载，影响搅拌效果。通常装载量占总容积的 70%～80% 为宜。

2. 原料添加顺序

遵循先干后湿、先精后粗、先轻后重的原则。一般添加顺序为精料、干草、辅饲料、全棉籽、青贮、湿糟类等。如果是立式饲料搅拌车应将精料和干草添加顺序颠倒。添加过程中，防止铁器、石块、包装绳等杂质混入搅拌车，造成车辆损伤。

3. 搅拌时间

掌握适宜搅拌时间的原则是确保搅拌后 TMR 中至少有 20% 的粗饲料长度大于 3.5 厘米。一般情况下，最后一种饲料加入后搅拌 5~8 分钟即可，一个工作循环总用时在 25~40 分钟。

4. 水分控制

根据青贮及辅饲料等的含水量，掌握控制 TMR 水分。冬季水分要求 45% 左右，夏季可在 45%~55%。

三、全混合日粮的质量监控

（一）感官鉴定

搅拌好的全混合日粮精粗饲料混合均匀，松散不分离，色泽均匀，新鲜不发热、无异味，不结块。方法是随机从 TMR 中取一些，用手捧起，用眼估测其总重量及不同粒度的比例。一般 3.5 厘米以上的粗饲料部分超过日粮总重量的 15% 为宜。

（二）宾州筛过滤法

宾州筛是由美国宾夕法尼亚州立大学发明的，用来估计日粮组分粒度大小。宾州筛由三个叠加式的筛子和底盘组成。筛是用粗糙塑料做成，长颗粒不至于斜着滑过筛孔。可用来检查搅拌设备运转是否正常，搅拌时间、上料次序等操作是否科学等问题，从而制定正确全混日粮调制程序。各层应保持比例，与日粮组分、精饲料种类、加工方法、饲养管理条件等有关。目前正在进行研究，以尽快确定适合我国饲料条件的不同牛群的 TMR 制作粒度推荐标准（图 3-14）。

测定步骤：从日粮随机取样放上筛，水平摇动 2 分钟，直到只有长颗粒留在上筛。

图 3-14　宾州筛过滤法

全混合日粮的粒度推荐值见表 3-17。

表 3-17　肉牛全混合日粮粒度推荐值

饲料种类	一层（％）	二层（％）	三层（％）	四层（％）
育肥牛 TMR	15~18	20~25	40~45	15~20
后备牛 TMR	40~50	18~20	25~28	4~9
繁殖母牛 TMR	50~55	15~20	20~25	4~7

（三）化学分析

饲料采样方法按 GB/T 14699.1—2005 执行。砷按 GB/T 13079—2006 执行。铅按 GB/T 13080—2004 执行。汞按 GB/T 13081—2006 执行。镉按 GB/T 13082—1991 执行。氟按 GB/T 13083—2002 执行。沙门氏菌按 GB/T 13091—2002 执行。霉菌按 GB/T 13092—2006 执行。黄曲霉毒素 B1 按 GB/T 8381—2008 执行。

技能训练

饲料青贮操作技术。

【目的要求】通过实习，要求学生掌握青贮饲料的调制方法。

【训练条件】

1. 青玉米种植地、收割及运输工具。

2. 青贮窖、收割机及封窖用具等。

【考核标准】

1. 青贮饲料制作操作过程熟练。

2. 原料切碎、装填、压实、封盖操作规范。

思考与练习

1. 如何晒制青干草?

2. 粗饲料的一般加工方法有哪些?

3. 如何加工利用甘薯、马铃薯、胡萝卜等块茎类多汁饲料?

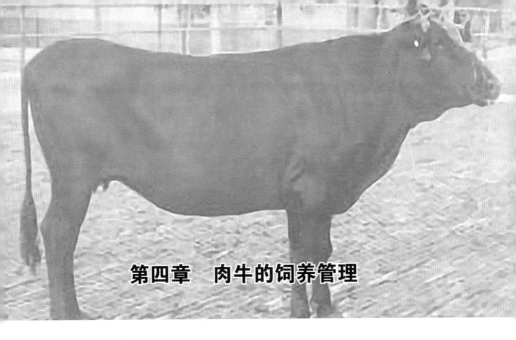

第四章　肉牛的饲养管理

1. 了解妊娠母牛的管理措施。
2. 掌握母牛分娩前后的护理要点。
3. 掌握让新生犊牛及时吃上初乳的方法。
4. 学会给哺乳期犊牛编号。
5. 了解育成种公牛的管理要点。
6. 了解育肥牛育肥的主要方式。
7. 了解提高育肥牛育肥效果的措施。

技能要求

掌握对新生犊牛清除口鼻黏液、断脐带的操作要领。

第一节　繁殖母牛的饲养管理

牛群繁殖母牛按照生理状况分为妊娠母牛、泌乳母牛和空怀母牛。要根据各阶段母牛的生理特点和营养需要进行饲养与管理。

一、妊娠母牛的饲养管理

对于处于妊娠阶段的母牛，不仅本身生长发育需要营养，而且要满足胎儿生长发育的营养需要和为产后泌乳进行营养贮积。所以，应加强妊娠母牛的饲养管理，使其能正常产犊和哺乳。饲养管理的重点在于保持适宜体况，做好保胎工作。

（一）妊娠母牛的饲养

1. 妊娠前期

妊娠前期是指母牛从受胎到怀孕 26 周的阶段。母牛妊娠初期，由于胎儿生长发育较慢，其营养需求较少，一般按空怀母牛进行饲养，以优质青粗饲料为主，适当搭配少量精料补充料。但这并不意味着妊娠前期可以忽视营养物质的供给，若胚胎期胎儿生长发育不良，出生后就难以补偿，增重速度减慢，饲养成本增加，对怀孕母牛保持中上等膘情即可。

（1）放牧　妊娠前期的母牛，青草季节应尽量延长放牧时间，一般可不补饲，枯草季节应据牧草质量和牛的营养需要确定补饲草料的种类和数量。牛如果长期吃不到青草，维生素 A 缺乏，可用胡萝卜或维生素 A 添加剂来补充，冬季每头每天喂 0.5~1 千克胡萝卜，另外应补足蛋白质、能量饲料及矿物质的需要。精料补加量 0.8~1.1 千克 /（头·日），精料配比（%）：玉米 50、糠麸 10、油饼粕 30、高粱 7、石粉 2、食盐 1、另加维生素 A10 000 国际单位 / 千克。

（2）舍饲　应以青粗料为主，参照饲养标准合理搭配精饲料。以蛋白质量低的玉米秸、麦秸为主时，要搭配 1/3~1/2 优质豆科牧草，再补加饼粕类，没有优质牧草时，每千克补充精料加 15000~20000 单位维生素 A。饲喂次数每昼夜 3 次，每次喂量不可过多，以免压迫胸腔和腹腔。自由饮水，水温不低于 10℃，严禁饮过冷的水。

2. 妊娠后期

妊娠后期一般指怀孕 27 周到分娩时的阶段。此阶段主要以青粗饲料为主，适当搭配少量精料补充料。母牛妊娠最后 3 个月是胎儿增重最多时，这时期的增重占犊牛初生重的 70%~80%，需要从母体吸收大量营养，一般在母牛分娩前，至少要增重 45~70 千克，才能保证产犊后的正常泌乳与发情。从妊娠第五个月起，应加强饲养，对中等体重的妊娠母牛，除供给平常日粮外，每日需补加 1.5 千克精料，妊娠最后两个月，每天应补加 2 千克精料，但不可将母牛喂得过肥，以免影响分娩。

（1）放牧　除了临近产期的母牛，其他母牛可以放牧。临近产期的母牛行动不便，放牧易发生意外，最好改为留圈饲养，并给予适当照顾，给予营养丰富、易消化的草料。

（2）舍饲　以青粗料为主，合理搭配精饲料。妊娠后期禁喂棉籽饼、菜籽饼、酒糟等饲料，变质、腐败、冰冻的饲料不能饲喂，以防引起流产。饲喂次数可增加到 4 次。每次喂量不可过多，以免压迫胸腔和腹腔。自由饮水，水温不低于 10℃。

（二）妊娠母牛的管理

1. 定槽

除放牧母牛外，一般舍饲母牛配种受胎后即应专槽饲养，以免与其他牛抢槽、顶撞，造成流产。

2. 圈舍卫生

每日坚持打扫圈舍，保持妊娠母牛圈舍清洁卫生，对圈舍及饲喂用具要定期消毒。

3. 刷拭

每天至少 1 次，每次 5 分钟，以保持牛体卫生。

4. 运动

妊娠母牛要适当运动，增强母牛体质，促进胎儿生长发育，并可防止难产。妊娠后期两个月牵牛走上、下坡，以保胎位正常。

5. 料水卫生

保证饲草料、饮水清洁卫生，不能喂冰冻、发霉饲料。不饮脏水、冰水。清晨不饮、空腹不饮、出汗后不急饮。

6. 注意观察

妊娠后期的母牛尤其应注意观察，发现临产征兆，估计分娩时间，准备接产工作。认真作好产犊记录。

7. 放牧饲养

把预产期临近和已出现临产征兆的母牛留在牛圈待分娩。放牧人

员应携带简单的接产用药和器械。

8. 转群

产前 15 天，将母牛转入产房，自由活动。母牛分娩时，应左侧位卧倒，用 0.1% 高锰酸钾清洗外阴部，出现异常则进行助产。

二、哺乳母牛的饲养管理

（一）分娩前后的护理

临近产期的母牛行动不便，应停止放牧和使役。这期间母牛消化器官受到日益庞大的胎胞挤压，有效容量减少，胃肠正常蠕动受到影响，消化力下降，应给予营养丰富、品质优良、易于消化的饲料。产前半个月，最好将母牛移入产房，由专人饲养和看护，并准备接产工作。母牛分娩前乳房发育迅速，体积增加，腺体充实，乳房膨胀；阴唇在分娩前一周开始逐渐松弛、肿大、充血，阴唇表面皱纹逐渐展开；在分娩前 1~2 天阴门有透明黏液流出；分娩前 1~2 周骨盆韧带开始软化，产前 12~36 小时荐坐韧带后缘变得非常松软，尾根两侧凹陷；临产前母牛表现不安，常回顾腹部，后蹄抬起碰腹部，排粪尿次数增多，每次排出量少，食欲减少或停止。上述征兆是母牛分娩前的一般表现，由于饲养管理、品种、胎次和个体间的差异，往往表现不一致，必须全面观察、综合判断、正确估计。

正常分娩母牛可将胎儿顺利产出，不需人工辅助，对初产母牛、胎位异常及分娩过程较长的母牛要及时进行助产，以保母牛及胎儿安全。

母牛产犊后应喂给温水，水中加入一小撮盐（10~20 克）和一把麸皮，以提高水的滋味，诱牛多饮，防止母牛分娩时体内损失大量水分腹内压突然下降和血液集中到内脏产生"临时性贫血"。

母牛产后易发生胎衣不下、食滞、乳房炎和产褥热等症，应经常观察，如发现病牛，及时请兽医治疗。

（二）舍饲泌乳母牛的饲养管理

母牛分娩前一个月和产后 70 天，这是非常关键的 100 天，饲养的好坏，对母牛的分娩、泌乳、产后发情、配种受胎，犊牛的初生重和断奶重，犊牛的健康和正常发育都十分重要。在此阶段，热能需要量增加，蛋白质、矿物质、维生素需要量均增加，缺乏这些物质，会引起犊牛生长停滞、下痢、肺炎和佝偻病等。严重时会损害母牛健康。

母牛分娩后的最初几天，尚处于身体恢复阶段，应限制精料及块根、块茎类料的喂量，此期饲养如果过于丰富，特别是精饲料给量过多，母牛食欲不好，消化失调，易加重乳房水肿或发炎，有时钙磷代谢失调而发生乳热症等，这种情况在高产母牛尤其常见，对产犊后的母牛须进行适度饲养。体弱母牛产后 3 天内只喂优质干草，4 天后可喂给适量的精饲料和多汁饲料，根据乳房及消化系统的恢复状况逐渐增加给料量，但每天增加料量不超过 1 千克，乳房水肿完全消失后可增至正常。正常情况下产后 6~7 天可增至正常量，并注意各种营养平衡。

泌乳母牛每日饲喂 3 次，日粮营养物质消化率比两次高 3.4%，但两次饲喂可降低劳动消耗，也有人提议饲喂 4 次，生产中一般以日喂 3 次为宜。注意变换饲草料时不宜太突然，一般要有 7~10 天的过渡期。不喂发霉、腐败、含有残余农药的饲草料，并注意清除混入草料中的铁钉、金属丝、铁片、玻璃、农膜、塑料袋等异物。每天刷拭牛体，清扫圈舍，保持圈舍、牛体卫生。夏防暑、冬防寒。拴系缰绳长短适中。

（三）放牧带犊母牛的饲养管理

有放牧条件的应以放牧为主饲养泌乳母牛。放牧期间的充足运动和阳光浴及牧草中所含的丰富营养，可促进牛体的新陈代谢，改善繁殖机能，提高泌乳量，增强母牛和犊牛的健康，青绿饲料中含有丰富的粗蛋白质，含有各种维生素、酶和微量元素。经过放牧，牛体内血液中血红素的含量增加，机体内胡萝卜素和维生素 D 贮备较多，可提高抗病力。

应该近牧，参考放牧远近及牧草情况，在夜间牛圈中适当补饲。

放牧饲养应注意放牧地最远不宜超过 3 千米；建立临时牛圈应避开水道、悬崖边，低洼地和坡下等处；放牧地距水源要近，清除牧坡中有毒植物，放牧牛一定要补充食盐，但不能集中补，以 2~3 天补一次为好，一般每头牛 20~40 克，放牧人员随身携带蛇药、少量的常用外科药品等。

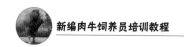

三、空怀母牛的饲养管理

繁殖母牛在配种前应具有中上等膘情，过瘦过肥往往影响繁殖。在日常饲养实践中，倘若喂给过多精料而又运动不足，易使牛群过肥造成不发情，在肉用母牛饲养中，这是最常见的，必须加以注意。但在饲料缺乏、母牛瘦弱的情况下，也会造成母牛不发情而影响繁殖。实践证明，如果母牛前一个泌乳期内给以足够的平衡日粮，同时劳役较轻，管理周到，能提高母牛的受胎率。瘦弱的母牛配种前1~2个月加强饲养，适当补饲精料，也能提高受胎率。

母牛发情，应及时配种，防止漏配和失配。对初配母牛，应加强管理，防止野交早配。经产母牛产犊后3周要注意其发情情况，对发情不正常或不发情者，要及时采取措施。一般母牛产后1~3个情期，发情排卵比较正常，随着时间的推移，犊牛体重增大，消耗增多，如果不能及时补饲，往往母牛膘情下降，发情排卵受到影响，常见造成暗发情（卵巢排卵，但发情征兆不明显），因此产后多次错过发情期，则情期受胎率会越来越低。如果出现这些情况，要及时进行直肠检查，慎重处理。

母牛空怀的原因有先天和后天两个方面。先天不孕一般是由于母牛生殖器官发育异常，如子宫颈位置不正、阴道狭窄、幼稚病等，这类情况较少，在育种工作中淘汰那些隐性基因的携带者即可解决。后天性不孕主要是由于营养缺乏、饲养管理和使役不当及生殖器官疾病所致。具体应根据不同情况加以处理。

成年母牛因饲养管理不当而造成不孕，恢复正常营养水平后，大多能够自愈。犊牛期由于营养不良以致生长发育受阻，影响生殖器官正常发育造成的不孕，则很难用饲养方法来补救。若育成母牛长期营养不足，则往往导致初情期推迟，初产时出现难产或死胎，并影响以后的繁殖力。

晒太阳和加强运动可以增强牛群体质，提高牛的生殖机能，牛舍内通风不良，空气污浊，含氨量超过 0.02 毫克 / 分米^3，夏季闷热，冬季寒冷，过度潮湿等恶劣环境极易危害牛体健康，敏感的母牛很快停止发情。因此改善饲养管理条件十分重要。

肉用繁殖母牛以放牧饲养成本最低，目前国内外多采用此方式，但也是有一定缺点的饲养方式。

应作好每年的检疫防疫、发情及配种记录。

第二节 犊牛的饲养管理

犊牛在哺乳期内其胃的生长发育经历了一个成熟过程，出生最初20天的犊牛，瘤胃、网胃和瓣胃的发育极不完全，没有任何消化功能；7天以后开始尝试咀嚼干草、谷物和青贮料，出现反刍行为，瘤胃内的微生物区系开始形成，瘤胃内壁的乳头状突起逐渐发育，瘤胃和网胃开始增大；到三个月龄时，小牛四个胃的比例已接近成年牛的规模，五个月龄时，前胃发育基本成熟。人为的干预，可改变这个过程，使其缩短。

一、新生犊牛的饲养管理

（一）清除口鼻黏液

犊牛出生后，首先清除口鼻内黏液及躯体上的黏液，对已吸入黏液的犊牛，造成呼吸困难者，可握住犊牛的两后肢将其提起，头部向下，并拍打其胸部，使之吐出黏液，开始呼吸，见图4-1。躯体上的

图4-1 把倒产犊牛倒提拍打背部促使其咳出胎水

黏液，正常分娩母牛会立即舐食，否则需擦拭，母牛舐食既有助于犊牛呼吸，唾液中的溶菌酶还可预防疾病，而且黏液中的催产素可促进母牛的子宫收缩，排出胎衣，加强乳腺分泌活动。

（二）断脐带

先用手在距犊牛脐部10~12厘米处充分揉搓脐带1~2分钟，在远端再用消毒剪刀剪断，用5%浓碘酊充分消毒，见图4-2。脐带在生后一周左右干燥脱落，当发现不干燥并有炎症时可用碘酊消毒，不干且肿胀可定为脐炎，应请兽医治疗。接下来，称重并登记犊牛初生重、父母号、毛色和性别。最后应让其尽早吮吸初乳。

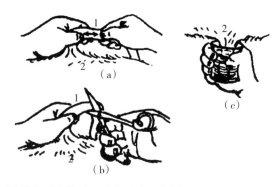

（a）大拇指揉搓脐带；（b）在揉搓处远端剪断；（c）用5%碘酒浸1分钟
1.脐带；2.犊牛肚皮

图4-2 断脐

（三）早喂初乳

犊牛出生后要尽快让其吃上初乳。初乳是母牛产犊后5~7天内所分泌的乳汁，其色深黄而黏稠，成分和7天后所产常乳差别很大，尤其第一次初乳最重要，第一次初乳所含干物质是常乳的2倍，其中，维生素A是常乳的8倍，蛋白质是常乳的3倍（表4-1）。这些营养物质是初生犊牛正常生长发育必不可少的，并且其他食物难以取代。因为，初乳中含有大量免疫球蛋白，具有抑制和杀死多种病原微生物的功能，使犊牛获得免疫；而初生犊牛的小肠黏膜又能直接吸收这些免疫球蛋白，这种特性随着时间的推移而迅速减弱，大约在犊牛生后36小时即消失。初乳中还含有丰富的盐类，其中镁盐比常乳高1倍，使初乳具有轻泻性，犊牛吃进充足的初乳，有利于排出胎便。另外初乳酸度高，进入犊牛的消化道能抑制肠胃有害微生物的活动。

表4-1 初乳与常乳营养含量的比较

项目	初乳	常乳	初乳/常乳
干物质（%）	22.6	12.4	182
脂肪（%）	3.6	3.6	100
蛋白质（%）	14.0	3.5	400
球蛋白（%）	6.8	0.5	1360
乳糖（%）	3.0	4.5	66.7
胡萝卜素（毫克/千克）	900~1 620	72~144	1200
维生素A（单位/千克）	5 040~5 760	648~720	800
维生素D（单位/千克）	32.4~64.8	10.8~21.6	300
维生素E（微克/千克）	3 600~5 400	504~756	700
钙（克/千克）	2~8	1~8	156
磷（克/千克）	4.0	2.0	200
镁（克/千克）	40.0	10.0	400
酸度（^{0}T）	48.4	20.0	242

综上所述，犊牛出生后应尽量早喂和多喂初乳。用清洁干布擦净身上黏液，称初生重后，只要能自行站立，应引导犊牛接近母牛乳房寻食母乳，若有困难，则需人工辅助哺乳。如果母牛分娩后死亡，可以从其乳房中把初乳全部挤出温热后（切不可超过40℃）喂给犊牛。因母牛患病或其他原因使初乳不能用时，可用同期产犊的其他母牛作保姆或按每千克常乳中加50毫克土霉素或等效的其他抑菌素，1个鸡蛋、4毫升鱼肝油、配成人工初乳代替，并喂一次蓖麻油（100毫升）以代替初乳的轻泻作用。5天以后只维持每千克奶加25毫克土霉素，直至犊牛生长发育正常为止（21~30天）。但人工初乳效果远不如天然初乳。

二、哺乳期犊牛的饲养管理

（一）哺乳期犊牛的饲养

1. 饲喂常乳

可采用随母哺乳、保姆牛法和人工哺乳法。

（1）随母哺乳法　让犊牛和其生母在一起，从哺喂初乳至断奶一直自然哺乳，见图4-3（a）。为促进犊牛发育和减轻母牛泌乳负担，有利于产后母牛正常发情，可在母牛栏旁边设一犊牛补饲栏，单另给犊牛补草料。见图4-3（b）。

（a）犊牛随母吃草料

（b）犊牛补饲栏，栅栏间隙宽25~30厘米，高1米，犊牛能通过，但母牛不能通过

图4-3　随母哺乳

（2）保姆牛法　选择健康无病、气质安静、乳及乳头健康、产奶量中下等的乳用牛做保姆牛，按其产奶量安排1~3头其母缺乳或母亲已死亡的犊牛调教其相认后，自由哺乳。犊牛栏内要设置饲槽及饮水器，以利于补饲。调教保姆牛接受犊牛的办法可采用把保姆牛的尿或生殖道分泌物或其亲犊的尿涂于寄养犊的臀部和尾巴上。注意安全，对脾气躁的母牛第一次让寄养犊吮乳时把后肢捆绑，多次吮乳之后，证明保姆牛已承认寄养犊时，可停止捆绑。

（3）人工哺乳法　对找不到合适的保姆牛或乳牛场淘汰犊牛的哺乳多用此法。新生犊牛结束5~7天的初乳期后，哺喂常乳。见图4-4。

1. 奶壶；2. 颈木架；3. 饲槽

图 4-4 人工哺乳示意

犊牛的哺乳量可参考表 4-2。哺乳时，可先将装有牛乳的奶壶放在热水锅中进行加热消毒，不能直接在锅内煮沸，以防乳清蛋白在锅底沉淀糊锅，降低奶的营养价值，并增加有害因子，待冷却至 38~40℃时哺喂，1 周龄内每天喂奶 3~4 次；1~3 周龄每天喂奶 3 次；4 周龄以上每天喂两次。

表 4-2 肉用犊牛的喂奶量 （单位：千克）

周 龄	1~2	3~4	5~6	7~9	10~13	14 以后	全期用奶
小型牛	3.7~5.1	4.2~6.0	4.4	3.6	2.6	1.5	400
大型牛	4.5~6.5	5.7~8.1	6	4.8	3.5	2.1	540

2~3 周龄以内的犊牛，宜用带橡皮奶嘴的奶壶喂奶（图 4-5），用小刀在橡皮奶嘴顶端割一"十"字形裂口，使犊牛吃奶时必须用力吮吸奶嘴才能吸到乳汁。当犊牛用力吮吸橡皮奶嘴时，由于分布在口腔的神经感受器受到刺激，可使食管沟反射完全，闭合成管状，乳汁由食管沟全部流入皱胃。同时，由于吮吸速度较慢，乳汁在口腔中能充分与唾液混匀，到皱胃时凝成疏松的乳块利于消化。若把橡皮奶头剪成孔状或裂口过大时，则吸奶毫不费劲，会使犊牛饮奶过急，食管沟往往闭合不全，乳汁溢入瘤胃，使犊牛生病。奶在口腔中未能和唾液充分混合，到皱胃凝成较坚硬的凝乳块，难于消化、甚至堵塞皱胃与

115

十二指肠连接的幽门，使皱胃内容物不能下移，造成皱胃扩张小肠梗死导致死亡。改用桶喂（图 4-6）时用手顶着犊牛嘴，控制吮乳速度，使每头牛吃奶时间不短于半分钟，最好一分钟以上。

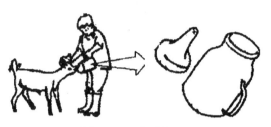

图 4-5　用奶壶饲喂

图 4-6　用桶饲喂

喂奶前应该把犊牛拴系，使其不能互相舔吮，每次喂奶之后，要用干净毛巾将犊牛口、鼻周围残留的乳汁擦干，一直拴系到其吸吮反射停止后再放开（约 10 分钟）。犊牛吃奶后若互相吸吮，常使被吮部位发炎或变形，会将牛毛咽到胃肠中缠成毛团，堵塞肠管，危及生命。若形成恶癖，则可用细竹条（切忌用粗棒）抽打嘴头，多次即可纠正。

要经常观察犊牛的精神状态及粪便。健康的犊牛，体形舒展，行为活泼，被毛顺而有光泽；若被毛乱而蓬松，垂头弓腰，行走蹒跚，咳嗽，流涎，叫声凄厉，则是有病的表现；若粪便变白、变稀，这是最常见的消化不良的表现，此时只需减少 20%~40% 喂奶量，并在奶中加入 30% 的温开水饲喂，配合减慢吮乳速度，即可很快痊愈，不必施用药品。

2．早期断奶

为了减少犊牛用奶量，降低成本，把哺乳期缩短到 3 个月以下，即早期断奶。最短的哺乳期是喂 3 天初乳之后改用代用乳，但目前多采用 5 周龄断奶，总用奶量为 100 千克左右的方法较为经济易行。哺乳期越短，喂犊牛的代用乳质量要求越高，成本也就随之而增加。例如，吃 7 天初乳后断奶，喂用人工代乳粉的配方是：脱脂乳粉 69%，肉牛脂肪 24%，乳糖 5.3%，磷酸钙 1.2%，每千克代乳粉加入 35 毫克四环素及适量维生素 A 和维生素 D。使用时，每千克代乳粉中加 7.5 千克水，按正常喂奶量喂给犊牛，也可干喂。具体断奶方案见表 4-3，代乳料配方参考表 4-4。

表 4-3　犊牛早期断奶方案　　　（单位：千克／日）

日龄	0~7	8~14	15~21	22~35	36~63	64~91	92~180
牛奶	3.5~4.0	4.0~5.0	3.5~4.0	2.0~2.5	0	0	0
代乳料	0	0	随意采食		1.4~2.5	2.0~3.0	
犊牛料	0	0	0	0	0	0	2.5~3.5
青干草			自由采食				

表 4-4　犊牛代乳料　　　（单位：%）

原料	熟谷物	熟黄豆	熟豆粕	糠麸类	乳清粉	脱脂奶粉	乳化脂肪	糖蜜	酵母蛋白粉	磷酸氢钙	食盐	维生素A（国际单位/千克）	微量元素	鲜奶香精（毫克/千克）	适用范围
①					20	40	20	8	10	1	1				30日龄内
②	31	40			15			8	3	2	1	10~20	适量	10~20	90日龄内
③	33		32		15		10	5	3	2	1				
④	33		35	10	5		5	0	10	1	1				>90日龄

具体干喂方法是从 15 日龄开始在代乳料中拌入少量奶，引诱犊牛采食，待犊牛会吃后停止加奶。早期断奶的犊牛，在饲喂人工乳或

代乳料初期，易发生消化不良以至下痢。为减少这些疾病的发生，必须在 7~15 日龄接种瘤胃微生物，即把成年牛反刍时的口腔内食物取出，塞少许到犊牛口中，见图 4-7。对初生重过小或瘦弱的犊牛，可延长哺乳期。气温过低的季节，也宜延长哺乳期。犊牛日增重方案见表 4-5。

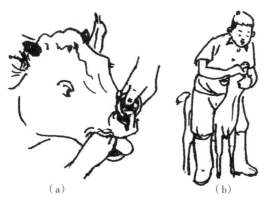

（a）　　　　　　　　　　　　（b）

（a）取成年牛反刍物；（b）把成年牛反刍物抿少量到犊牛口中

图 4-7　瘤胃微生物接种

表 4-5　　理想犊牛日增重　　　　　　（单位：千克）

种类	哺乳期	性别	0~30日龄	31~60日龄	61~90日龄	91~120日龄	121~150日龄	151~180日龄
大型牛	哺乳6个月	公	0.90	1.10	1.20	1.30	1.30	1.35
		母	0.80	0.85	0.90	0.95	1.00	1.05
	哺乳35天早期断奶	公	0.90	0.40	0.50	0.60	0.70	0.80
		母	0.80	0.35	0.45	0.55	0.65	0.70
改良牛	哺乳6个月	公	0.70	0.85	0.90	1.00	1.00	1.05
		母	0.60	0.65	0.65	0.70	0.75	0.80
	哺乳35天早期断奶	公	0.70	0.30	0.40	0.45	0.55	0.60
		母	0.60	0.25	0.35	0.40	0.50	0.55

（续表）

种类	哺乳期	性别	0~30日龄	31~60日龄	61~90日龄	91~120日龄	121~150日龄	151~180日龄
良种黄牛	哺乳6个月	公	0.65	0.80	0.85	0.95	0.95	1.00
		母	0.50	0.55	0.60	0.65	0.65	0.70
	哺乳35天早期断奶	公	0.65	0.30	0.35	0.40	0.50	0.60
		母	0.50	0.25	0.30	0.35	0.45	0.45
非良种黄牛	哺乳6个月	公	0.45	0.55	0.60	0.65	0.65	0.70
		母	0.40	0.45	0.45	0.50	0.50	0.55
	哺乳35天早期断奶	公	0.45	0.20	0.25	0.30	0.35	0.40
		母	0.40	0.18	0.23	0.28	0.32	0.35

3. 及时补饲

为满足犊牛营养需要和早期断奶，应及时补饲，从7~10日龄开始训练采食干草，在犊牛栏草架上放置优质干草，供其随意采食，促进犊牛发育。从7天起训练采食精饲料，开始时喂完奶后将料涂在牛嘴唇上诱其舔食，经2~3日后，可在犊牛栏内放置饲料盘，任其自由采食，当犊牛每天采食超过0.5千克则按培育方案及抽查日增重来决定日补料量，八周龄前不宜多喂青贮饲料，也不宜喂秸秆，可以补给少量切碎的胡萝卜等块根、块茎饲料。

4. 注意饮水

牛奶中的水不能满足犊牛正常代谢的需要，必须让犊牛尽早饮水，开始在两次喂奶之间饮36~37℃的温开水，10~15日龄后可改饮常温水，5周龄后可在运动场内备足清水，任其自由饮用。

（二）哺乳期犊牛的管理

1. 去角

去角的适宜时间在生后7~10天，常用的去角方法有电烙法和固体苛性钠法两种。电烙法是将200~300瓦电烙器，把烙头砸扁，使宽刚与角生长点相称，加热到恒温度，牢牢地压在角基部直到其下部组织烧灼成白色为止，烙时不宜太久，以防烧伤下层组织。苛性钠法应在角刚鼓出但未硬时在晴天且哺乳后进行，具体方法是先剪去角基部的毛，再用凡士林涂一圈，以防苛性钠药液流出，伤及头部和眼部，然后用棒状苛性钠沾水涂擦角基部，直到表皮有微量血渗出为止，处理后把犊牛另拴系，以免其他犊牛舔伤处，或犊牛磨擦伤处增加渗出液，延缓痊愈。伤口得1~3天才干，为免腐蚀母牛乳房皮肤，所以随母哺乳的犊牛最好采用电烙法（图4-8）。

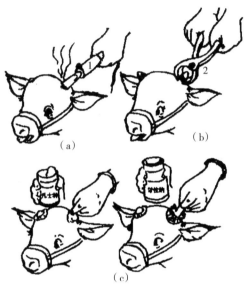

（a）电烙法；（b）去角钳夹除法；（c）烧碱腐蚀法
1. 电烙铁；2. 去角钳
图4-8　去角

2. 编号

给牛编号便于管理，记录于档案之中，以利于育种工作的进行（图4-9）。

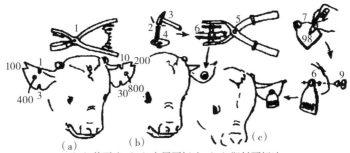

（a）剪耳法；（b）金属耳标法；（c）塑料耳标法
1. 剪号钳；2. 数字钢錾；3. 小铁锤；4. 金属耳标；5. 耳标钳；
6. 牛耳朵；7. 塑料耳标；8. 塑料染色笔；9. 塑料耳标拴

图4-9 给牛打号

养牛数量少时可以给牛命名，从牛毛色和外形的微少差异，把牛清楚区分，但数量多时，把牛区分开就困难了。所以把编号可靠地显示在牛的身上（也称为打号）。给牛编号最常用的方法是按牛的出生年份、牛场代号和该牛出生的顺序号等。习惯头两个号码为出生年，第3位代表分场号，以后为顺序号，例如171103表示2017年出生1分场顺序103号牛。有些在数码之前还列字母代号，表示性别、品种等。生产上常用的编号方法如下。

剪耳法：是用剪号钳在牛的耳朵不同部位剪上豁口，以表示牛的编号。小型牛场可采用此法，在犊牛断奶之前进行。剪口要避开大血管，减少流血，剪后用5%碘酒处理伤口。缺点是容纳数码位数少，远处难看清，以及不美观。

金属耳标法：通常用合金铝冲压成阴阳两片耳标，用数字钢錾在阴阳两片外侧面分别打上牛的编号，然后把阴片中心管穿过牛耳朵下半部毛较稀、无大血管之处，阳片在耳朵另一侧把中心管插入对侧穿过来的阴片中心管中，再用专用耳号钳端凸起夹住两侧耳标中心孔用力挤压，使阴阳两片中心管口撑大变形而固定。此法美观、经济，但金属耳标面积小，所以不抓住牛，很难看清编号，手术处用5%碘酒消毒。

塑料耳标法：用耐老化耐有机溶剂的塑料制成软的耳标，用塑料染色笔把牛的编号写到耳标正面，然后把耳标拴在牛耳下侧血管稀少处穿透牛耳穿过耳标孔，把耳标卡住。此法由于塑料可制成不同色彩，使其标志更鲜明，并可利用不同颜色代表一定内容。由于面积大，所以数码字也大，一般距离 2 米处也能看清，故使用较广，缺点是放牧牛时最易丢失，应及时补挂。

热烙打号法：在犊牛阶段（近 6 月龄），把牛保定牢靠，把烧热的号码铁按在牛尻部把皮肤烫焦，痊愈后留下不长毛的号码。这种方法牛很痛苦，挣扎时常把皮肤烫成一片而不显字迹。烫后若感染发炎，也使字迹模糊。但此法编的号能终身存在于牛体，成本低，字体随牛生长而变大，几米以外均可看清，所以也较多使用。

冷冻打号法：是以液态氮把铜制号码降温到 -197℃，把犊牛侧卧，把计划打号处（通常在体侧或臀部平坦处）尽量用刷子清理干净。用酒精湿润后把已降温的字码按压在该处。冷冻打号牛不感痛苦，易得清晰的字迹，但操作繁琐，成本较高。冷冻打号所需按压时间见表 4-6。

表 4-6　冷冻打号所需按压时间　（压力 10 千克）

牛月龄	肉牛（秒）	
	剪毛	不剪毛
2~3	10	20
4~6	12	25
7~12	15	30

3. 分栏分群管理

肉用犊牛大都随母哺乳，少数来源于乳牛场淘汰的公犊，若采用人工哺乳，则应按年龄分栏饲养，以便喂奶与补饲。

4. 夏防暑、冬防寒

冬季天气严寒、风大，特别在我国北方，要注意人工饲喂的犊牛舍的保暖，防止穿堂风。若是水泥或砖石地面，应铺垫些麦秸、锯末等，舍温不可低于 0℃（没有穿堂风，可不低于 -5℃），夏季炎热时在运动场应有凉棚，以免中暑。

5. 刷拭

犊牛基本上在舍内饲养，其皮肤易被粪及尘土所黏附而形成皮垢，这样不仅降低皮毛的保温与散热力，也会使皮肤血液循环受阻，易患病，所以每日至少刷拭一次，保持犊牛身体干净清洁。

6. 运动

运动对促进犊牛的采食量和健康发育都很重要，随母哺乳的犊牛3周龄后可安排跟母牛放牧，人工哺乳的犊牛应安排适当的运动场。犊牛从生后8~10日龄起，即可开始在犊牛舍外的运动场做短时间的运动，以后逐渐延长时间，如果犊牛出生在温暖的季节，开始运动日龄还可早些。活动时间的长短应据气候及犊牛日龄来掌握，冬天气温低的地方及雨天不要使1月龄以下的幼犊到室外活动。

7. 消毒、防疫

犊牛舍或犊牛栏要定期进行消毒，可用2%苛性钠溶液进行喷洒，同时用高锰酸钾液冲洗饲槽、水槽及饲喂工具。对犊牛要进行防疫注射。打扫牛舍，保持舍内清洁卫生。

8. 建立档案

后备母犊应建立档案，记录其系谱、生长发育情况（体尺、体重）、防疫及疫病治疗情况等。

第三节 育成牛的饲养管理

五六个月龄断奶以后直到两岁半左右的正在生长发育的牛，习惯称之为育成牛。育成牛正处于生长发育较快的阶段，一般到18月龄时，其体重应该达到成年时的70%以上。育成阶段生长发育是否正常，直接关系到牛群的质量，必须给予合理的饲养管理。

一、繁殖场育成牛的饲养管理

（一）育成母牛的饲养管理

1. 育成母牛的饲养

育成母牛在不同年龄阶段其生理变化与营养需求不同。断奶至周岁的育成母牛，在此时期将逐渐达到生理上的最高生长速度，而且在断奶后幼牛的前胃相当发达，只要给予良好的饲养，即可获得最高的日增重。组织日粮时，宜采用较好的粗料与精料搭配饲喂。粗料可占日粮总营养价值的50%~60%，混合精料占40%~50%，逐渐变化，到周岁时粗料逐渐加到70%~80%，精料降至20%~30%。用青草作粗料时，采食量折合成干物质增加20%，在放牧季节可少喂精料，多食青草，舍饲期中应多用干草、青贮和根茎类饲料，干草喂量（按干物质计算）为体重的1.2%~2.5%。青贮和根茎类可代替干草量的50%。不同的粗料要求搭配的精料质量也不同，用豆科干草作粗料时，精料需含8%~10%的粗蛋白质，若用禾本科干草作粗料，精料蛋白质含量应为10%~12%，用青贮作粗料，则精料应含12%~14%粗蛋白质，以秸秆为粗料，要求精料蛋白质水平更高，达16%~20%。

周岁以上育成母牛消化器官的发育已接近成熟，其消化力与成年牛相似，饲养粗放些，能促进消化器官的机能，至初配前，粗料可占日粮总营养价值的85%~90%。如果吃到足够的优质粗料，就可满足营养需要，如果粗料品质差时，要补喂些精料。在此阶段由于运动量加大，所需营养也加大，配种后至预产前3~4个月，为满足胚胎发育、营养贮备，可增加精料，与此同时，日粮中还须注意矿物质和维生素A的补充，以免造成胎儿不健康和胎衣不下。

无论对任何品种的育成牛，放牧均是首选的饲养方式。放牧的好处是使牛获得充分运动，从而提高了体质。除冬季严寒，枯草期缺乏饲草的地区外，应全年放牧饲养。另外，放牧饲养还可节省青粗饲料的开支，使成本下降。六月龄以后的育成牛必须按性别分群放牧。无放牧条件的城镇、工矿区、农业区的舍饲牛也应分出公牛单另饲养。按性别分群是为了避免野交杂配和小母牛过早配种。野交乱配会发生近亲交配和无种用价值的小牛交配，使后代退化；母牛过早交配使其本身的正常生长发育受到损害，成年时达不到应有的体重，其所生的犊牛也长不成大个，使生产蒙受不必要的损失。

牛数量少，没有条件公母分群时可对育成牛作部分附睾切割，保留睾丸并维持其正常功能（相当于输精管切割）。因为在合理的营养条件下，公牛增重速度和饲料转化效率均较阉牛高得多，胴体瘦肉量大，牛肉的滋味和香味也均较阉牛好。饲养公牛作为菜牛的成本低收益多。附睾切割手术可请当地兽医进行。

放牧青草能吃饱时，育成牛日增重大多能达到 400~500 克，通常不必回圈补饲。但乳用品种牛代谢较高，单靠牧食青草难以达到计划日增重；青草返青后开始放牧时，嫩草含水分过多，能量及镁缺乏，以及初冬以后牧草枯萎营养缺乏等情况下，必须每天在圈内补饲干草或精料（表 4-7、表 4-8），补饲时机最好在牛回圈休息后，夜间进行。夜间补饲不会降低白天放牧采食量，也免除回圈立即补饲，使牛群养成回圈路上奔跑所带来的损失。

表 4-7　各种牛的育成牛日补料量　（千克）

饲养条件		肉用品种及改良牛	
		大型牛	小型牛（包括非良种牛）
放牧	春天开牧头 15 天[①]	0.5	0.3
	16 天到当年青草季	0	0
	枯草季	1.2	1.0
舍饲	粗料为青草	0	0
	粗料为青贮	0.5	0.4
	氨化秸秆、野青草、黄贮、玉米秸	1.2	0.8
	粗料为麦秸、稻草	1.7	1.5

①：秸秆、氨化秸秆为主日粮时，每千克精料加入 8 000~10 000 单位维生素 A

表 4-8　育成牛料配方例　（千克）

玉米	高粱	棉仁饼	菜籽饼	胡麻饼	糠麸	食盐	石粉	适用范围
67	10	2	8	0	10	2	1	青草、放牧青草、野青草、氨化秸秆等
62	5	12	8	0	10	1.5	1.5	青贮等日粮
52	5	12	8	10	10	1.5	1.5	放牧枯草，玉米秸等日粮

冬天最好采取舍饲，以秸秆为主稍加精料，可维持牛群的健康和近于正常日增重。若放牧，则需多用精料。春天牧草返青时不可放牧，

以免牛"跑青"而累垮。并且刚返青的草不耐践踏和啃咬，过早放牧会加快草的退化，不但当年产草量下降，而且影响将来的产草量，有百害而无一利。待草平均生长到超过 10 厘米，即可开始放牧。最初放牧 15 天，通过逐渐增加放牧时间来达到可开牧让牛科学地"换肠胃"，避免其突然大量吃青草，发生膨胀，水泻等严重影响牛健康的疾病。

食盐及矿物元素准确配合在饲料中，每天每头牛能食入合理的数量则效果最好。放牧牛往往不需补料，或无补料条件，则食盐及矿物元素的投喂不好解决；各种矿物元素不能集中喂，尤其是铜、硒、碘、锌等微量元素所需甚少，稍多会使牛中毒，缺乏时明显阻碍生长发育，可以采购适于当地的"舔砖"来解决。最普通的食盐"舔砖"只含食盐，已估计牛最大舔入量不致中毒；功能较全的，则为除食盐外还含有各种矿物元素，但使用时应注意所含的微量元素是否适合当地。还有含尿素、双缩脲等增加粗蛋白质的特种舔砖，一般把舔砖放在喝水和休息地点让牛自由舔食。舔砖有方的和圆的，每块重 5~10 千克。

放牧牛还要解决饮水的问题，每天应让牛饮 2~3 次，水饮足，才能吃够草，因此饮水地点距放牧地点要近些，最好不要超过 5 千米。水质要符合卫生标准。按成年牛计算（6 个月以下犊牛算 0.2 头成年牛，6 个月至 2 岁半平均算 0.5 头牛），每头每天需喝水 10~50 千克，吃青草饮水少，吃干草、枯草、秸秆饮水多，夏天饮水多，冬天饮水少。若牧地没有泉水溪水等，也可利用泾流砌坑塘积蓄雨水备用。

放牧临时牛圈要选在高旷，易排水，坡度小（2%~5%），夏天有荫凉，春秋则背风向阳暖和之地。不得选在悬崖边、悬崖下、雷击区、泾流处、低洼处、坡度过大等处。

放牧牛群组成数量可因地制宜，水草丰盛的草原地区可 100~200 头一群，农区、山区可 50 头左右一群。群大可节省劳动力，提高生产效率，增加经济效益。群小则管理细，在产草量低的情况下，仍能维持适合于牛特点的牧食行走速度，牛生长发育较一致。周岁之前育成牛、带犊母牛，妊娠最后两个月母牛及瘦弱牛，可在草较丰盛、平坦和近处草场（山坡）放牧。为了减少牧草浪费和提高草地（山坡）载畜量可分区轮牧，每年均有一部分地段秋季休牧，让优良牧草有开花结籽、扩大繁殖的机会。每片牧地采取先牧马、接着牧牛，最后牧羊，可减少牧草的浪费。

还要及时播种牧草，更新草场。

舍饲牛上下槽要准时，随意更改上下槽时间会使牛的采食量下降，饲料转化率降低。每日 3 次上槽效果较 2 次好。

舍饲可分几种形式，小围栏每栏 10~20 头牛不等，平均每头牛占 7~10 米²。栏杆处设饲槽和水槽，定时喂草料，自由饮水，利用牛的竞食性使采食量提高，可获得群体较好的平均日增重，但个体间不均匀，饲草浪费大。定时拴系饲喂是我国采用最广泛的方法。此法可针对个体情况来调节日粮，使生长发育均匀，节省饲草。但劳动力和厩舍设施投入较大。还有大群散放饲养，全天自由采食粗料，定时补精料，自由饮水。此法与小围栏相似，但由于全天自由采食粗料，使饲养效果更好，省人工，便于机械化，但饲草浪费更大。我国很少采用此法。

2. 育成母牛的管理

（1）分群 育成母牛最好在 6 月龄时分群饲养。公母分群，即与育成公牛分开，同时应以育成母牛年龄进行分阶段饲养管理。

（2）定槽 圈养拴系式管理的牛群，采用定槽是必不可少的，使每头牛有自己的牛床和食槽。

（3）刷拭 圈养每天刷拭 1~2 次，每次 5 分钟。

（4）转群 育成母牛在不同生长发育阶段，生长强度不同，应根据年龄、发育情况分群，并按时转群，一般在 12 月龄、18 月龄、定胎后或至少分娩前两个月共三次转群。同时称重并结合体尺测量，对生长发育不良的进行淘汰，剩下的转群。最后一次转群是育成母牛走向成年母牛的标志。

（5）初配 在 18 月龄左右根据生长发育情况决定是否配种。配种前一个月应注意育成母牛的发情日期，以便在以后的 1~2 个情期内进行配种。放牧牛群发情有季节性，一般春夏发情（4~8 月），应注意观察，生长发育达到适配时（体重达到品种平均的 70%）予以配种。

（6）防疫 春秋驱虫，按期检疫和防疫注射。

（7）防暑防寒 在气温达 30℃时，应考虑搭凉棚、种树等，更要从牛舍建筑上考虑防暑，在北方地区要考虑防寒，整体来看，防暑重

于防寒。

（二）育成公牛的饲养管理

1. 育成公牛的饲养

育成公牛的生长比育成母牛快，因而需要的营养物质较多。尤其需要以补饲精料的形式提供营养，以促进其生长发育和性欲的发展。对种用后备育成公牛的饲养，应在满足一定量精料供应的基础上，喂以优质青粗饲料，并控制喂给量以免草腹，非种用后备牛不必控制青粗料，以便在低精料下仍能获得较大日增重。

育成种公牛的日粮中，精、粗料的比例依粗料的质量而异。以青草为主时，精、粗料的干物质比例约为 55：45；青干草为主时，其比例为 60：40。从断奶开始，育成公牛即与母牛分开。育成种公牛的粗料不宜用秸秆、多汁与渣糟类等体积大的粗料，最好用优质苜蓿干草，青贮可少喂些，6 月龄后日喂量应以月龄乘以 0.5 千克为准，周岁以上日喂量限量为 8 千克，成年为 10 千克，以避免出现草腹。另外，酒糟、粉渣、麦秸之类，以及菜籽饼，棉籽饼等不宜用来饲喂育成种公牛。维生素 A 对睾丸的发育，精子的密度和活力等有重要影响，应注意补充。冬春季没有青草时，每头育成种公牛可日喂胡萝卜 0.5~1 千克，日粮中矿物质要充足。

2. 育成种公牛的管理

（1）分群　与母牛分群饲养管理。育成公牛与育成母牛发育不同，对管理条件要求不同，而且公母混养，会干扰其成长。

（2）穿鼻　为便于管理进行穿鼻和戴上鼻环。穿鼻用的工具是穿鼻钳，穿鼻的部位在鼻中膈软骨最薄的地方，穿鼻时将牛保定好，用碘酒将工具和穿鼻部位消毒，然后从鼻中膈正直穿过，在穿过的伤口中塞进绳子或木棍，以免伤口长住。伤口愈合后先带一小鼻环，以后随年龄增长，可更换较大的鼻环。不能用缰绳直接拉鼻环，应通过角绊或笼头牵拉以避免把鼻镜拉豁，失去控制。

（3）刷拭　育成公牛上槽后进行刷拭，每天至少一次，每次 5 分钟，保持牛体清洁。

（4）试采精　从 12~14 月龄后即应试采精，开始从每月 1~2 次采精，逐渐增加到 18 月龄的每周 1~2 次，检查采精量、精子密度、活力及有无畸形，并试配一些母牛，看后代有无遗传缺陷并决定是否作种用。

（5）运动　育成公牛的运动关系到它的体质，因为育成公牛有活泼好动的特点。加强运动，可以提高体质，增进健康。

（6）防疫　定期对育成公牛进行防疫注射防止传染病。

二、育肥场育成牛的饲养管理

（一）育肥场育成牛的饲养

1. 日粮

在育肥场的育成牛，其年龄一般在 6~12 月龄，正是骨骼、肌肉、瘤胃等组织和器官发育速度最快的阶段，此期要加强饲养，以获得最快生长速度和最大经济效益。精料补充料由玉米、麸皮、豆粕、棉籽粕、菜粕、酒糟、矿物质和维生素等组成。粗饲料以玉米秸秆、玉米青贮和优质干草为主。秸秆类饲料长度为 2~3 厘米。

2. 饲喂

干物质采食量一般为体重的 2.5%~3.5%。精料补充料可按体重的 1.2%~1.5% 补充，粗饲料可自由采食，自由饮水。粗饲料多时，先喂粗饲料；精料补充料多时，先喂精料补充料。有条件采取全混合日粮饲喂效果更佳。

3. 饲养

饲养方式可采取拴系饲养和围栏饲养，以小群围栏饲养效果较好。北方冬季寒冷，应注意饮水槽的保温。

（二）育肥场育成牛的管理

1. 分群

6 月龄以后开始按照性别、体重、大小和强弱等进行分群管理。

2. 刷拭

上槽后进行刷拭，每天至少一次，每次 5 分钟，保持牛体清洁。

3. 防疫

春秋驱虫，按期检疫和防疫注射。

4. 防暑防寒

在气温达 30℃时，应考虑防暑，北方地区要考虑防寒。

第四节　育肥牛的饲养管理

一、育肥方式

所谓育肥，就是必须使日粮中的营养成分高于牛本身维持和正常生长发育所需的营养，使多余的营养以脂肪的形式沉积于体内，获得高于正常生长发育的日增重，缩短出栏年龄，达到育肥的目的。对于幼牛，其日粮营养应高于维持营养需要（体重不增不减、不妊娠、不产奶、维持牛体基本生命活动所必需的营养需要）和正常生长发育所需营养；对于成年牛，只要大于维持营养需要即可。

提高日增重是肉牛育肥的核心问题。日增重会受到不同生产类型、不同品种、不同年龄，不同的营养水平、不同的饲养管理方式的直接影响，同时确定日增重的大小也必须考虑经济效益、牛的健康状况。过高的日增重，有时也不太经济。在我国现有生产条件下，最后三个月育肥的日增重以 1.0~1.5 千克更经济。

肉牛肥育方式的划分方法很多，按牛的年龄可分为犊牛肥育、幼牛肥育和成年牛肥育；按性别可分为公牛肥育、母牛肥育和阉牛肥育；按肥育所采用的饲料种类分为干草肥育、秸秆肥育和糟渣肥育等；按饲养方式可分为放牧肥育、半舍半牧肥育和舍饲肥育；按肥育时间可分为持续肥育和吊架子肥育（后期集中肥育）；按营养水平分为一般肥育和强度肥育。

持续肥育是指在犊牛断奶后就转入肥育阶段，给以高水平营养进行肥育，一直到出栏体重时出栏。持续肥育较好地利用了牛生长发育快的幼牛阶段，日增重高，饲料利用率也高，出栏快、出栏肉质好。

架子牛肥育，又称后期集中肥育，是在犊牛断奶后，按一般饲养条件进行饲养，达到一定年龄和体况后，充分利用牛的补偿生长能力，采用在屠宰前集中 3~4 个月进行强度肥育。这种方法很不合算，若吊架子阶段较长，肌肉生长发育受阻过度时，即使给予充分饲养，最后体重也很难与合理饲养的牛相比，而且胴体中骨骼、内脏比例大，脂肪含量高，瘦肉比例较小，肉质欠佳。

虽然牛的肥育方式较多，划分方法各异，但在实际生产中往往是各种肥育类型相互交叠应用。

二、幼牛育肥

（一）犊牛育肥

将犊牛进行育肥，即指用较多数量的奶饲喂犊牛，并把哺乳期延长到4~7月龄，断奶后屠宰。因犊牛年幼，其肉质细嫩，肉色全白或稍带浅粉色，味道鲜美，带有乳香气味，故有"小白牛肉"之称，其价格高出一般牛肉8~10倍。国外牛奶生产过剩的国家，常用廉价牛奶生产这种牛肉。在我国，进行小白牛肉生产可满足星级宾馆饭店对高档牛肉的需要，是一项具有广阔发展前景的产业。

1. 犊牛在育肥期的营养需要

犊牛育肥时，由于其前胃正在发育，对营养物质的要求也就严格。初生时所需蛋白质全为真蛋白质，肥育后期真蛋白质仍应占粗蛋白质的90%以上，消化率应达87%以上。

2. 犊牛育肥方法

优良肉用品种、肉乳兼用和乳肉兼用品种犊牛，均可采用这种育肥方法生产优质牛肉，但由于代谢类型和习性的不同，乳用品种犊牛在育肥期较肉用品种犊牛的营养需要高约10%，才能取得相同的增重。

（1）优等白肉生产　初生犊牛采用随母哺乳或人工哺乳方法饲养，保证及早和充分吃到初乳，三天后完全人工哺乳，四周前每天按体重的10%~12%喂奶，5~10周龄喂奶量为体重的11%，10周龄后奶量为体重的8%~9%。

单纯以奶作为日粮，在幼龄期只要认真注意奶的消毒、奶温，特别是喂奶速度等，均不会出现消化不良问题，但15周龄后由于瘤胃发育、食管沟闭合不如幼龄，所以必须强调喂奶速度要慢。开始人工喂奶到出槽，喂奶的容器外形与颜色必须一致，以强化食管沟的闭合反射。发现粪便异常时，可减奶，掌握好喂奶速度，恢复正常时，逐渐恢复喂奶量。可于奶中加入抗生素抑制和治疗痢疾，但出槽前5天必须停止，以免肉中有抗生素残留。育肥方案见表4-9。5周龄以后采取拴系饲养。一般 120 天，体重 150 千克出槽。

表 4-9   利用荷斯坦公犊全乳生产白肉例

周龄	体重（千克）	日增重（千克）	日喂奶量（千克）	日喂次数
0~4	40~59	0.6~0.8	5~7	3~4
5~7	60~79	0.9~1.0	7~8	3
8~10	80~100	0.9~1.1	10	3
11~13	101~132	1.0~1.2	12	3
14~16	133~157	1.1~1.3	14	3

（2）一般白肉生产   单纯用牛奶生产"白肉"成本太高，可用代乳料饲喂 2 月龄以上的肥犊，以节省成本。但用代乳料会使肌肉颜色变深，所以代乳料的组成必须选用含铁低的原料，并注意粉碎的细度。犊牛消化道中缺乏蔗糖酶，淀粉酶量少且活性低，故应减少谷实用量，所用谷实最好经膨化处理，以提高消化率，减少拉稀等消化不良发生。选用经乳化的油脂，以乳化肉牛脂肪（经 135℃以上灭菌）效果为佳。代乳料最好煮成粥状（含水 80%~85%）晾到 40℃饲喂。出现拉稀或消化不良，可加喂多酶、淀粉酶等治疗，同时适当减少喂量。用代乳料增重效果也不如全乳。饲养方案见表 4-10，代乳料方案见表 4-11。

表 4-10   用全乳和代乳料生产白肉例

周龄	体重（千克）	日增重（千克）	日喂奶量（千克）	日代乳料（千克）	日喂次数
0~4	40~59	0.6~0.8	5~7	—	3~4
5~7	60~77	0.8~0.9	6	0.4（配方 1）	3
8~10	77~96	0.9~1.0	4	1.1（配方 1）	3
11~13	97~120	1.0~1.1	0	2.0（配方 2）	3
14~17	121~150	1.0~1.1	0	2.5（配方 2）	3

表4-11　生产白肉的代乳料配方例　　　　　（%）

配方号	熟豆粕	熟玉米	乳清粉	糖蜜	酵母蛋白粉	乳化脂肪	食盐	磷酸氢钙	赖氨酸	蛋氨酸	多维	微量元素	鲜奶香精或香兰素
1	35	12.2	10	10	10	20	0.5	2	0.2	0.1	适量	适量	0.01~0.02
2	37	17.5	15	8	10	10	0.5	2	0	0		适量	

说明：配方1可加土霉素药渣0.25%，两配方的微量元素不含铁

育肥期间日喂三次，自由饮水，夏季饮凉水，冬春季饮温水（20℃左右），严格控制喂奶速度、奶的卫生及奶的温度等，以防消化不良，若消化不良可酌情减少喂料量并给药物治疗。让犊牛充分晒太阳及运动，若无条件则要补充维生素D 500~1 000国际单位/天。五周龄后拴系饲养，尽量减少运动。做好防暑保温工作，经180~200天的育肥期，体重达到250千克时出槽。因出槽体重小，提供净肉少，成本较高，价格昂贵。

处于强烈生长发育阶段的育成牛，只要进行合理的饲养管理，就可以生产大量仅次于"小白牛肉"的品质优良、成本较低的"小牛肉"。

（二）育成牛育肥

1. 育成牛育肥期营养需要

育成牛体内沉积蛋白质和脂肪能力很强，充分满足其营养需要，可以获得较大的日增重，肉牛育成牛的营养需要见表4-12。

表4-12　育成肉牛育肥期每日营养需要

体重（千克）	日增重（千克）	干物质（千克）	粗蛋白（克）	钙（克）	磷（克）	综合净能（兆焦）	胡萝卜素（毫克）
150	0.9	4.5	540	29.5	13.0	21.1	25
	1.2	4.9	645	37.5	15.5	26.3	27
200	0.9	5.3	600	30.5	14.5	25.9	29.5
	1.2	6.0	700	38.5	17.0	32.3	33
250	0.9	6.1	650	31.5	16.0	31.4	33.5

（续表）

体重 （千克）	日增重 （千克）	干物质 （千克）	粗蛋白 （克）	钙 （克）	磷 （克）	综合净能 （兆焦）	胡萝卜素 （毫克）
	1.2	6.9	755	39.5	18.5	39.1	37.5
300	0.9	6.9	700	32.5	17.5	37.0	37.5
	1.2	7.8	805	40.0	20.0	46.0	43
350	0.9	7.6	750	33.5	19.0	42.1	41.5
	1.2	8.7	855	41.0	21.5	52.3	48.0
400	0.8	8.0	765	32.0	19.5	44.3	44.0
	1.0	8.6	830	37.0	21.0	58.7	47.0
450	0.7	8.3	775	31.0	20.5	45.9	45.5
	0.9	8.9	845	35.5	22.0	51.9	49.2

2. 育成牛育肥方法

（1）幼龄强度育肥、周岁出槽　犊牛断奶后立即育肥，在育肥期给予高营养，使日增重保持在1.2千克以上，周岁体重达400千克以上，结束育肥。

育肥时采用舍饲拴系饲养，不可放牧，因放牧行走消耗营养多，日增重难以超过1千克。育肥牛定量喂给精料和主要辅助饲料，粗饲料不限量，自由饮水，尽量减少运动、保持环境安静。育肥期间每月称重，据体重变化调整日粮，气温低于0℃和高于25℃时，气温每升、降5℃应加喂10%的精料。公牛不必去势，利用公牛增重快、省饲料的特点获得更好的经济效益，但应远离母牛，以免被异性干扰降低其育肥效果。若用育成母牛育肥，日料需要量较公牛多20%左右，可获得相同日增重。

对乳用品种育成公牛作强度育肥时，可以得到更大的日增重和出栏重。但乳用品种牛的代谢类型不同于肉用品种牛，所以每千克增重所需精料量较肉用品种牛高10%以上，并且必须在高日增重下，牛的膘情才能改善（即日增重应取1.2千克以上）。

用强度育肥法生产牛肉，肉质鲜嫩，而且成本较犊牛育肥低，每头牛提供的牛肉比育肥犊牛增加40%~60%，是经济效益最大、采用最广泛的一种育肥方法，但此法精料消耗多，宜在饲草料资源丰富的地方应用。强度育肥日粮见表4-13。

表4-13　肉用育成公牛强度育肥日粮例

月龄	体重（千克）	日增重（千克）	不同粗料的配合料日量（千克）		
			青草和作物青割	干草、玉米秸谷草、氨化秸秆	麦秸、稻草豆秸
7	180~216	1.2	3.0	3.3	3.9
8	216~252	1.2	3.2	3.6	4.2
9	252~288	1.2	3.4	3.9	4.6
10	288~324	1.2	3.6	4.2	5.0
11	324~360	1.2	3.7	4.4	5.3
12	360~400	1.2	3.9	4.6	5.7

注：青粗饲料不限量

（2）一岁半及两岁半出槽　将犊牛自然哺乳至断奶，接着充分利用青草及农副产品饲喂到14~20月龄，体重达到250千克以上进入育肥，经4~6个月育肥，体重达500~600千克时出槽。育肥前利用廉价饲草使牛的骨架和消化器官得到较充分的发育，进入育肥期后，对饲草料品质的要求较低，从而使育肥费用减少，而每头牛提供的肉量却较多，这个方法是目前生产上用得较多，适应范围较广，粮食用量较少，经济效益较好的一种育肥方法。

我国大部分地区越冬饲草比较缺乏，而大部分牛都在春季产犊，所以一岁半出槽较两岁半出槽少养一个冬季，能减少越冬饲草的消耗量，并且其生产的牛肉质量较好，效益也较好。但在饲草料质量不佳、数量不足的地区，只能采用两岁半出槽的方法。

在华北山区，一岁半出槽（生产模式见表4-14、表4-15）比两岁半出槽体重虽低60千克，精料多耗160千克，但少耗880千克干草和1 100千克青草，并节省一年人工和各种设施消耗，相同条件下生产周转效率高于两岁半出槽60%以上。总效益较好。

育成牛可采用舍饲与放牧两种育肥方法，放牧时以利用小围栏全天放牧，就地饮水和补料效果较好，避免放牧行走消耗营养而使日增重降低。放牧回圈后不要立即补料，待数小时后再补，以免减少采食量。气温高于30℃时可早晚和夜间放牧，舍饲育肥以日喂3次效果较好。

表4-14　改良牛及良种黄牛4月出生公牛30月龄出槽舍饲育肥例
（华北地区）

日龄	0~180	181~365	366~565	566~730	731~900
日粮　青粗料	随母哺乳补草补料	青草、干草、玉米秸、玉米秸青贮	放牧青草	玉米秸、玉米秸青贮	青草
配合料（千克）		青草时不用料，其他草用14号料1.5~2.0	不补料	14号料1.5~2.0	4号料3~3.5
日增重（千克）	0.65	0.5	0.5	0.5	1.0
体重（千克）	25~140	141~232	233~332	333~415	416~600

说明：本表是描述春天出生，来年正常生长发育到第三年秋育肥，两年半左右出槽。

表4-15　改良牛及良种黄牛4月出生公牛18月龄出槽舍饲育肥例
（华北地区）

一、有完善的防暑降温措施

日龄	0~180	181~365	366~430	431~500	501~550	551~585
日粮　青粗料	随母哺乳补草补料	青草、干草、玉米秸、玉米秸青贮	青草	青草	干草、玉米秸、玉米秸青贮	
配合料（千克）		青草用3或4号料1.7~2.7，其他草用14号3.0~3.4	3或4号料2.7	3或4号料4.0	14号料5.4~5.7	
日增重（千克）	0.65	1.0	1.0	1.2	1.2	
体重（千克）	25~140	141~325	326~390	391~475	476~540	

（续表）

日龄		0~180	181~365	366~430	431~500	501~550	551~585
二、防暑降温措施不完善							
日粮	青粗料		青草、干草、玉米秸、玉米秸青贮	青草	青草	干草、玉米秸、玉米秸青贮	干草、玉米秸、玉米秸青贮
	配合料（千克）	随母哺乳补草补料	青草用3或4号料1.7~2.7 其他草用14号2.1~3.4	3或4号料2.7	3或4号料1.6~1.8	14号料5.1~5.4	14号料5.4~5.7
日增重（千克）		0.65	1.0	1.0	0.7	1.2	1.2
体重（千克）		25~140	141~325	326~390	391~440	441~500	501~540

说明：本表是描述春天出生，来年夏秋育肥岁半左右出槽

三、成年牛育肥

用于育肥的成年牛大多是役牛、奶牛和肉用母牛群中的淘汰牛，一般年龄较大，产肉率低，肉质差，经过育肥，使肌肉之间和肌纤维之间脂肪增加，肉的味道改善，并由于迅速增重，肌纤维、肌肉束迅速膨大，使已形成的结缔组织网状交联松开，肉质明显变嫩，经济价值提高。

（一）成年牛育肥期营养需要

成年牛已停止生长发育，其育肥主要是增加脂肪的沉积，需要能量充足，其他营养物质用来满足维持基本生命活动的需要以及恢复肌肉等组织器官最佳状态的需要。所以除能量外，其他营养物质需要略少于育成牛。肉用成年母牛育肥营养需要见表4-16，乳用品种牛相同增重情况，需要增加10%左右的营养。在同等条件下，公牛能量给量可低于母牛10%~15%，阉牛则低于母牛5%~10%。

表 4-16　肉用成年母牛在育肥期的营养需要

体重（千克）	日增重（千克）	干物质（千克）	粗蛋白质（克）	钙（克）	磷（克）	综合净能（兆焦）	胡萝卜素（克）
350	0.6	6.42	650	26	15.0	38.9	35.0
	1.0	7.94	790	36	18.0	49.7	43.5
	1.4	9.46	930	46	20.5	65.7	52.0
400	0.6	7.05	700	27	16.5	43.6	39.0
	1.0	8.70	840	37	19.0	55.7	48.0
	1.4	10.35	970	47	21.5	73.8	56.9
450	0.6	7.67	750	28.5	17.5	48.0	42.0
	1.0	9.45	880	38	20.5	61.3	52.0
	1.4	11.23	1 020	47.5	23.0	81.3	62.0
500	0.6	8.27	790	29.5	19	52.3	45.5
	1.0	10.10	930	39	21.5	67.0	55.5
	1.4	12.09	1060	48.5	24.0	88.7	66.5
550	0.6	8.87	840	31	20.0	56.1	49.0
	1.0	10.40	940	37.5	22.0	73.0	57.5
	1.4	11.93	1 040	44.5	24.0	95.2	65.5
600	0.6	9.46	880	32	21.5	59.9	52.0
	1.0	10.54	950	36.5	23.0	77.9	58.0
	1.4	11.62	1 020	41.0	24.0	98.5	64.0
650	0.6	10.03	920	33	23.0	63.5	55.0
	1.0	11.18	990	37.5	24.0	82.7	61.5
	1.4	12.33	1 060	42.0	25.0	107.6	68.0

（二）成年牛的育肥方法

育肥前对牛进行健康检查，病牛应治愈后育肥；过老、采食困难的牛不要育肥；公牛应在育肥前 10 天去势，母牛在配种后立即育肥。成年牛育肥期以三个月左右为宜，不宜过长，因其体内沉积脂肪能力有限，满膘时就不会增重，应根据牛膘情灵活掌握育肥期长短。膘情较差的牛，先用低营养日粮，过一段时间后调整到高营养再育肥，按增膘程度调整日粮。生产实际中，在恢复膘情期间（即育肥第一个月）往往增重很高，饲料转化效率较之正常也高得多。有草坡的地方可先行放牧育肥 1~2 个月，再舍饲育肥 1 个月。成年牛育肥方案见表 4-17。

表 4-17 肉用成年牛育肥方案例　　（单位：千克 / 日）

育肥天数	体重	日增重	精料	甜菜渣	玉米青贮	胡萝卜	干草
0~30	600~618	0.6	2.0~2.5	6.0	9.0	2.0	不限量
31~60	618~648	1.0	5.7~6.0	9.0	6.0	2.0	
61~90	648~685	1.2	8.0~9.0	12.0	3.0	2.0	

四、高档牛肉生产

高档牛肉是指按照特定的饲养程序，在规定的时间完成肥育，并经过严格屠宰程序分割到特定部位的牛肉。一般分为高档红肉和大理石花纹肉。无论生产红肉和大理石花纹肉，目标是追求好的肉质，为此，需要对公牛进行去势。在生产中，以高档红肉为生产目的时，公牛去势时间在 10~12 月龄，以生产大理石花纹肉为目的时公牛去势时间在 4~6 月龄。

（一）大理石花纹肉生产

大理石花纹肉是指脂肪沉积到肌肉纤维之间，形成明显的红白相间状似大理石花纹的牛肉。这种牛肉香、鲜、嫩，是中西餐均宜的牛肉。

1. 育肥牛的选择

（1）品种　瘦肉型品种难以生产大理石状牛肉，我国良种黄牛却易于达到，如晋南牛、秦川牛、鲁西牛、南阳牛、郏县红牛和延边牛等。欧洲品种中以安格斯和海福特等品种较佳。见表 4-18。

表4-18　几个品种的肉用性状

项目	生长速度	皮下脂肪薄	大理石状	眼肌面积	嫩度	肉色	风味	腔油少
中国良种黄牛			+++		++	++	+++	
乳用荷斯坦牛	++							
西门塔尔牛	++	+	++	+	+	+	++	
夏洛莱牛	+	+		++				+
安格斯牛	+	+	++		++	++	++	
海福特牛	++		++	+	+	+	++	
皮埃蒙特牛	++	++		++	++	++	++	++
抗旱王牛	+	+	+			+	+	
圣格鲁迪牛	+	+	+			+	+	+
短角牛	+		++		++	++	+	

注: + 号越多者越佳

我国纯外来品种架子牛尚欠缺, 改良牛具备外来品种与我国本地黄牛的共同特点。所以可选用改良牛, 从表4-18可估计, 易生产五花肉的改良牛为安格斯, 其次为西门塔尔、海福特和短角等品种的改良牛, 低代数的较优。

（2）年龄　因为牛的生长发育规律是脂肪沉积与年龄呈正相关, 即年龄越大沉积脂肪的可能性越大, 而肌纤维间脂肪是最后沉积的。所以生产大理石花纹肉应该选择年龄在1周岁到3周岁之间。年龄再大虽然更易于形成五花肉, 但年龄与嫩度、肌肉与脂肪颜色有关, 一般随年龄增大肉质变硬, 颜色变深变暗, 脂肪逐渐变黄。

（3）性别　一般母牛沉积脂肪最快, 阉牛次之, 公牛沉积最迟而慢, 肌肉颜色以公牛深, 母牛浅、阉牛居中。饲料转化效率以公牛最好, 母牛最差。综合效益, 年龄较小时, 公牛不必去势, 年龄偏大时, 公牛去势（育肥期开始之前10天）, 母牛则年龄稍大亦可（母牛肉一般较嫩, 年龄大些可改善肌肉颜色浅的缺陷）。不同性别其膘情与大理石花纹形成并不一样。公牛必须达到满膘以上, 即背脊两侧隆起极明显, "象臀"状极明显, 后肋也充满脂肪时, 已达到相当水平。

2. 育肥牛的饲养

（1）日粮 育肥分三期进行，即育肥前期（7~12 月龄）、育肥中期（13~22 月龄）和育肥后期（23~28 月龄）。育肥前期为了保证骨骼和瘤胃的生长发育，日粮粗蛋白质含量为 13%~15%，消化能含量为 12.6~13.4 兆焦 / 千克，钙 0.5%~0.7%，磷 0.25%~0.4%，维生素 A 含量 2 000~3 000 国际单位 / 千克，精料补充料饲喂量占体重的 1.0%~1.2%。粗饲料自由采食。粗饲料种类以优质青绿饲料、青贮饲料和青干草为宜。

育肥中期为了促进肌肉的生长发育，日粮粗蛋白质含量为 14%~16%，消化能含量为 13.8~14.2 兆焦 / 千克，钙 0.4%~0.6%，磷 0.25%~0.35%，维生素 A 含量 2 000~3 000 国际单位 / 千克，精料补充料饲喂量占体重的 1.3%~1.4%。粗饲料自由采食。粗饲料种类以颜色较浅的干秸秆为宜。

育肥后期为了促进脂肪的沉积和保证肉与脂肪的颜色，日粮粗蛋白质含量为 11%~13%，消化能含量为 14.0~14.5 兆焦 / 千克，钙 0.3%~0.5%，磷 0.25%~0.30%，精料补充料饲喂量占体重的 1.5%~1.6%。粗饲料自由采食。粗饲料种类以颜色较浅的干秸秆为宜。

（2）饲养方式 具体有小围栏自由采食，小围栏定时饲喂，定时上槽、下槽运动场休息和全天拴系定时饲喂等。

① 小围栏饲喂。按牛大小每栏 6~12 头牛，由于牛的竞食，可获最大的采食量，因而牛的日增重较高，采取自由采食时牛的增重均匀，但草料浪费较大，因草料长时间在槽中被牛唾液沾和后，牛即不爱吃。小围栏定时上槽虽然可以避免上述缺点，但由于牛的竞争特性，造成少数牛吃食不足，育肥增重效果不均匀，少数牛拖后出槽。小围栏设施的投资也较大。

② 定时上槽拴系饲喂、下槽运动场休息、饮水。此法由于每头牛固定槽位，竞食性发挥差些，使干物质采食量达不到最高，但草料浪费少，牛的育肥增重均匀。缺点是费工（上槽拴牛、下槽放牛耗时），牛群大，牛在运动场中奔跑和抵架的概率大于小围栏。所以肉的嫩度受负面影响。由于运动场面积不能小，土地投入成本加大。

③ 全天拴系饲养。这种方法节省劳动力，而且牛的运动量减少到最低，因而饲料效率最高，可获得品质优良的牛肉，可按个体牛的情

况作饲料量调整，且土地与牛舍投入均节省。但由于牛在育肥期间缺少活动因而抗病力较差，随体膘增加而食欲下降较其他饲养方式明显，全育肥期可能获得的平均日增重略逊于小围栏。按我国国情，笔者认为此种饲养方式综合效益最佳。全天拴系时必须给牛饲槽安装自动饮水器或饲喂后饲槽中添水，或砌饲槽与水槽并列，让牛随时能饮到清洁的水。由于牛长期缺乏阳光直接照射，所以日粮中必须配足维生素D。牛舍的清洁卫生、牛的防疫检疫及健康观察要更细心严格。公牛育肥还要注意缰绳的松紧适度，避免牛互相爬跨造成摔、跌、伤残的严重损失。

（3）饲喂方法

① 日喂次数。以自由采食最好，以日喂两次最差。日喂两次相当于人为限制了牛的采食，因为牛的瘤胃容积所限，两次饲喂平均瘤胃充满的时间最少，而自由采食则全天充满时间最长，达到充分采食。若延长饲喂时间，则往往造成牛连续长时站立，增加能量消耗降低饲喂效果。在高精料日粮下，自由采食明显地降低消化道疾病的发病率。例如瘤胃酸中毒，日喂两次时，由于精料集中两次食入，瘤胃中峰值精料量高，短时激烈的发酵，产生有机酸量大，这峰值使瘤胃pH值降到5以下造成酸中毒，而全天自由采食则不会出现发酵的明显峰值，使耐受日精料量高，效果好。所以日喂3次远较日喂2次好（精料发酵造成有机酸量峰值几乎下降1/3），日喂4次较3次好，不过日喂4次则饲养员劳动负荷过大，必得采用两班制（即饲养工增加1倍）使所得饲养效果的经济效益为零或负。全天自由采食则常造成草料浪费使成本增加。故在我国目前状况下，综合效益最佳可采取3次饲喂，顾及饲养工休息和健康，以采取3次不均衡上槽，每天总上槽时间为五个半小时到六个小时。

② 饲喂方法。目前饲喂方法有几种，其一是先喂青粗饲料后喂辅料和精料，即过去我国农村饲喂役牛的方法。此法是在精料辅料少的时候效果好。但日喂辅料精料量大时，牛的食欲降低，牛等待吃辅料和精料，并不好好吃粗料，使总采食量下降，下槽后剩料多造成浪费。先喂精料和辅料后喂粗料则可避免上述缺点，但是又存在新的问题，当牛食欲欠佳时，光吃了精料和辅料不再吃青粗料，造成精粗比严重

失调，导致消化失调、紊乱、酸中毒等，经济损失大。最好的方法是把粗料和青粗料辅料混合成"全混合日粮"饲喂，这种处置可减轻牛挑食、待食，牛采食速度快，采食量大，由于各种饲料混合和食入，不会产生精粗饲料比例失调，由于每顿食入日粮性质、种类、比例均一致，瘤胃微生物能保持最佳的发酵（消化）区系，使饲料转化率达到最佳水平。

3. 育肥牛的管理

（1）生产记录　认真完善生产记录、出入牛场的牛称重记录、日粮监测和消耗记录、疾病防治记录、气候和小气候噪声（牛舍内）监测记录等，作为改善经营管理，出现意外时弄清原因的依据和及时解决突发事件。

（2）生产监测　认真执行疾病防治、环境、草料等监测工作。

（3）分群　牛群必须按性别分开，母牛能受胎者，应按育肥期长短安排其受胎。若用激素法使母牛处理类似妊娠状态，则出栏前十天必需终止处理，以免牛肉中残留激素危害消费者健康。

（4）隔离观察　新购进牛，要在隔离牛舍观察 10~15 天，才能进入育肥牛舍。在隔离牛舍中驱虫和消除应激。经长途运输或驱赶的牛，当天和第二天可使用镇静剂来加快应激消除。按牛的应激程度和恢复情况酌情控制辅料和精料投喂，一般头几天以不喂辅料和精料为宜，待牛适应了新环境和新粗料以后，逐日增加辅料和精料喂量，以便取得最优效果和避免应激和消化紊乱双重作用对牛造成的严重损失（头个月不增重甚至死亡）。

（5）消毒防疫　育肥牛舍每天饲喂后清理打扫一次，保持良好的清洁状态，牛体每天刷拭 1~2 次，夏天饲槽每周用碱液刷洗消毒一次。牛出栏后，牛床彻底清扫，用石灰水、碱液或菌毒灭消毒一次。

（6）其他　严格控制非生产人员进入牛舍（尤其是外来人员），周围有疫情时，禁止外来人员进入；认真拟定生产计划，按计划预备长期稳定的青粗料、精料的采购和供应；制定日常生产（饲喂）操作规程，禁止虐待牛，不适合饲牧的人员立即调离；作好防暑和防寒工作，其中防暑至关重要；注意市场动态和架子牛产地情况及早调整生产安排以适应市场需求。

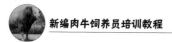

（二）高档红肉生产

1. 饲养

公牛在 10~12 月龄去势后进行育肥，育肥期分为育肥前期（去势到 14 月龄左右）和育肥后期（15~18 月龄）。

育肥前期日粮的粗蛋白质含量在 14%~16%，消化能维持在 13.4~14.3 兆焦 / 千克。精料补充料的干物质饲喂量为肉牛体重的 1.0%~1.3%，粗饲料自由采食。

育肥后期日粮的粗蛋白质含量维持在 12%~14%，消化能提高到 13.8~15.1 兆焦 / 千克。精料补充料的干物质饲喂量为肉牛体重的 1.3%~1.5%，粗饲料自由采食。

2. 管理

管理与上述大理石花纹肉生产时肉牛管理相同。

（三）牛肉质量控制

1. 肌肉色泽

一般日粮长期缺铁，会使牛血液中铁浓度下降，导致肌肉中铁元素分离补充血液铁不足，使肌肉颜色变淡，但会损害牛的健康和妨碍增重，所以只能在计划出栏前 30~40 天内应用。肌肉色泽过浅（例如母牛），则可在日粮中使用含铁高的草料。例如鸡粪再生饲料、西红柿、格兰马草、须芒草、阿拉伯高粱、菠萝皮（渣）、椰子饼、红花饼、玉米酒糟、燕麦、亚麻饼、土豆及绿豆粉渣、意大利黑麦青草、燕麦麸、绛三叶、苜蓿等，也可在精料中配入硫酸亚铁等，使每千克铁含量提高到 500 毫克左右。

2. 脂肪色泽

脂肪色泽越白与亮红色相衬，才越愈目，才能被评为高等级。脂肪越黄，感观越差，会使肉降等级。造成脂肪颜色变黄主要是由于花青素、叶黄素、胡萝卜素沉积在脂肪组织中所造成。牛随日龄增大，脂肪组织中沉积的上述色素物质增加，所以颜色变深。要取得肌肉内外脂肪近乎白色，可对年龄较大的牛（3 岁以上），采用脂溶性色素少的草料作日粮。脂溶性色素物质较少的草料是：干草、秸秆、白玉米、大麦、椰子饼、豆饼、豆粕、啤酒糟、粉渣、甜菜渣、糖蜜等，用这类草料组成日粮饲喂 3 个月以上，可明显地使脂肪颜色变浅。一般育肥肉牛在出槽前 30 天最好少用这类饲料，如胡萝卜、西红柿、南瓜、黄心、红心和花心的甘薯、黄玉米、鸡粪再生饲料、青草青割、青贮、高粱糠、红辣椒、苋菜、各种青草青割等，以免使脂肪色泽不佳。

3. 牛肉风味

牛肉脂肪中饱和脂肪酸含量较多，为增加牛肉中不饱和脂肪酸的含量，特别是增加多不饱和脂肪酸的含量来提高牛肉的保健效果，可通过适量增加以鱼油为原料（海鱼油中富含 ω-3 多不饱和脂肪酸）的钙皂，加入饲料中来达到，一般用量不要超过精料的 3%，以免牛肉有鱼腥味。在牛的配合饲料中注意平衡微量元素的含量，不仅可以得到 1∶10 以上的增产效益，同时也有利于提高牛肉的风味。

五、提高育肥效果的措施

对肉牛进行育肥时，除了选择品种、性别、体型外貌好的肉牛以外；还可以采取一些有力措施，提高饲料转化效率、促进肉牛增重。

（一）育肥季节的选择

育肥季节最好选在气温低于 30℃的时期，气温低，有利于增加饲料采食量和提高饲料消化率，同时减少蚊蝇以及体外寄生虫的滋扰，使牛有一个安静适宜的环境，春秋季节气候温和，牛的采食量大，生长快，育肥效果最好，其次为冬季。夏季炎热，不利于牛的增重，因此肉牛育肥季节最好错过夏季。必须在夏季育肥时，则应严格执行防暑措施，如利用电风扇通风，在牛身上喷洒冷水等降温措施。冬季育肥气温过低时，考虑采用暖棚防寒。

（二）分群分阶段育肥

对购入场内的肉牛应按性别、品种、体重、年龄、膘情进行分群饲养，以免性别的干扰，也可方便喂料，肉牛育肥时要分阶段进行，做到在育肥前、中、后三个阶段喂料水平明确，也容易管理。

（三）驱虫

体内外寄生虫不仅消耗牛体营养，其代谢的有毒物质还会使牛出现病症，影响育肥效果，所以一般育肥前应进行驱虫，并且在每年春、秋两季分别驱虫一次。

（四）饲喂技术

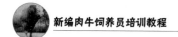

拴系饲养、自由采食、自由饮水。尽量减少牛的运动量，降低能量消耗。每日喂三次，添草料要少量多次，先喂精料、再辅料、后喂粗料，延长饲喂时间。

（五）环境

保持环境安静，尽量减少噪声，避免惊扰牛群，注意牛舍内湿度、温度和有害气体含量，创造有利于肉牛生长育肥的适宜环境。

（六）应用饲料添加剂

1. 饲草料调味剂

按每百千克秸秆喷入 2~3 千克（含糖精 1~2 克、食盐 100~200 克）的水溶液，饲喂前喷洒，产生鲜草香味，可提高牛的采食量，从而提高日增重。

2. 瘤胃素

当日粮中精料超过 35% 时，按每头牛每日在精料加入瘤胃素 200 毫克（53~360 毫克），搅拌均匀、饲喂，可节约饲料 10%~11%，提高日增重 15%~20%。

3. 矿物质添加剂

根据当地矿物质含量情况，针对性地选用矿物质添加剂，舍饲可以均匀拌入精料中，放牧可购买舔砖补充，其育肥效果取决于矿物元素缺乏种类和缺乏程度。

4. 维生素添加剂

肉牛育肥日粮中应补充维生素，水溶性维生素一般瘤胃可合成，而脂溶性维生素易缺乏，尤其饲喂以秸秆为主的日粮。饲喂酒糟多的牛必须补充维生素，尤其维生素 A，可以采用粉剂拌入料中饲喂。

5. 中草药饲料添加剂

我国天然中草药资源丰富。中草药含有多种微量养分和免疫因子，具有低毒、无残留、无副作用等特点，畜牧生产中可提高动物饲料转化效率，增强抵抗疾病的能力，缓减环境应激产生的副作用。为生产高效、安全无公害畜产品，目前科学工作者规定研究开发利用中草药资源以替代激素、抗生素和化学合成类药物等。中草药饲料添加剂可使肉牛得到充分休息，减少活动消耗的营养物质，促进营养物质的代谢和合成，提高增重，改善牛肉品质。有试验表明，给肉牛每日每头添加 100 克中草药添加剂（由神曲、麦芽、使君子、贯众、苍术、当归、甘草等组成），试验组肉牛每头日增重达 1.5 千克，比对照组提高 12.41%，经济效益明显。也有试验表明，按肉牛精料 1.5% 添加中草药（苍术、当归、甘草、神曲、山楂、陈皮等）使肉牛日增重达到 1.561 千克 / 头，提高了 9.93%，每千克增重节省精料 10.11%。日本某饲料公司在饲料中添加中草药（姜花、肉桂、薄荷、大蒜等）改善了牛肉品质，使肉汁不易从细胞中流失，保持肉质的香味。但中草药价格昂贵，投入产出比欠佳，如果牛肉与中草药的价格差改变，本法是极有前途的方法。

技能训练

犊牛断奶方案制定。

【**目的要求**】掌握犊牛断奶时间、哺乳量、哺喂植物性饲料的方案的制订。

【**训练条件**】规模化肉牛饲养场。

【**考核标准**】

方案切实可行，并将犊牛断奶方案填于表 4-19

表 4-19　犊牛断奶方案

日龄	10 天以内	11~30 天	31~45 天	46~60 天	61~75 天	76~90 天	合计
初乳							
常乳							
开食料							
干草							
青绿多汁饲料							

思考与练习

1. 妊娠母牛管理应注意哪些问题?

2. 母牛分娩前后护理要注意什么?

3. 简述对新生犊牛清除口鼻黏液、断脐带的操作要领。

4. 怎样保证新生犊牛及时吃上初乳?

5. 怎样给哺乳期犊牛编号?

6. 育成种公牛怎样管理?

7. 育肥牛有哪些主要育肥方式?

8. 怎样提高育肥牛的育肥效果?

第五章　肉牛环境与疾病综合控制

1. 了解肉牛疫病的分类与建立肉牛卫生防疫体系的主要内容。
2. 了解药物的使用规范，把握禁用药种类。
3. 掌握肉牛舍温度、湿度、有害气体等的控制措施。
4. 掌握肉牛场不同清粪方式的要求。
5. 学会对病死牛的正确处理方法。

技能要求

能编制肉牛场防疫制度和防疫计划。

第一节　肉牛的防疫计划

一、肉牛疫病分类

根据动物疫病对养殖业生产和人体健康的危害程度，《中华人民共和国动物防疫法》规定管理的动物疫病分为三类：一类疫病是指对人与动物危害严重，需要采取紧急、严厉的强制预防、控制、扑灭等措施的疫病；二类疫病是指可能造成重大经济损失，需要采取严格控制、扑灭等措施，防止扩散的疫病；三类疫病是指常见多发、可能造成重大经济损失，需要控制和净化的疫病。各类动物疫病具体病种名录由国务院兽医主管部门制定并公布。

国务院兽医主管部门制定并公布的牛场重大疫病种类见表5-1。

表5-1 牛场重大疫病分类

疫病分类	主要病种
一类疫病	口蹄疫、牛瘟、牛传染性胸膜肺炎、牛海绵状脑病
二类疫病	布鲁氏菌病、牛结核病、炭疽、牛传染性鼻气管炎、牛出血性败血病、产气荚膜梭菌病、弓形虫病、棘球蚴病、钩端螺旋体病、牛梨形虫病（牛焦虫病）、牛恶性卡他热等
三类疫病	牛流行热、牛病毒性腹泻/黏膜病、大肠杆菌病、沙门氏菌病、李氏杆菌病、牛生殖器官弯曲杆菌病、毛滴虫病、牛皮蝇蛆病等

二、肉牛防疫体系

搞好肉牛卫生防疫及常见病防治，首先应为牛创造良好的生活和生产环境，加强牛的饲养管理；其次要建立消毒防疫制度，即主要做好以下几方面的工作。

（一）防疫制度与设施

制定防疫制度，设立消毒池、消毒垫、消毒室、隔离舍和贮粪池等防疫消毒设施。

（二）诊断

及时准确的诊断是防疫工作的重要环节，它关系到防疫措施能否有效地实施。需根据具体情况选择适宜的诊断方法。常用的诊断方法有以下几种。

1. 临床诊断

这是最基本的诊断方法。它是利用人的感官或借助一些简单的器械如体温计、听诊器等直接对患病牛进行检查。有时也包括血、粪、尿的常规检验。对于某些具有特征临床症状的典型病例一般不难做出诊断。但对发病初期尚未出现有诊断意义的特征症状的病例和非典型病例，依靠临床检查往往难于做出诊断。在很多情况下，临床诊断只能提出可疑疫病的大致范围，必须结合其他诊断方法才能做出诊断。在进行临床诊断时，应注意对整个发病肉牛群所表现的综合征状加以分析判断，不要单凭个别或少数病例的征状轻易下结论，以防止误诊。

2. 流行病学诊断

这是在流行病学调查（即疫情调查）的基础上进行的。疫情调查可在临床诊断过程中，以座谈方式向牛场场长或户主询问疫情，并对现场进行仔细观察、检查，取得第一手材料，然后对材料进行分析处理，做出诊断。

3. 病理学诊断

患各种传染病死亡的牛尸体，大多有一定的病理变化，可作为诊断的依据之一。病理剖检时应选择典型病例，并尽量多剖检几头。剖检前应先观察尸体外表，注意其营养状况、皮毛、可视黏膜及天然孔的情况。再按剖检的程序作认真系统观察，包括皮下组织、各淋巴结、胸腔和腹腔的各器官、头部和脑、脊髓的病理变化，进行详细的记录，找出其主要的特征性变化，并做出初步的分析和诊断。若病理剖检不能获得结论时，应按情况采取病料送实验室，进一步作病理组织学检查和病原学检查。病畜死亡或急宰后剖检时间越早越好，以免尸体发生腐败，有碍于观察和诊断。

此外，还有微生物学诊断和免疫学诊断，均是传染病诊断和检疫中常用的方法。

（三）检疫

应用各种诊断方法，对肉牛进行疫病检查，及时发现疫病，并采取相应措施，防止疫病的发生和传播。实施检疫的内容包括肉牛及其产品、饲养工具、饲料和运载工具等。根据肉牛及其产品的动态和运转形式，可分为产地检疫、运输检疫和国境口岸检疫。

（四）隔离和封锁

1. 隔离

发生传染病时，将病牛和可疑感染牛与健康牛隔开，可以消除和控制传染源，从而中断流行过程，有利于把疫情限制在最小范围内就地扑灭。因此，在发生传染病流行时，应首先查明牛群中疫病蔓延的程度，逐头检查临床症状，必要时进行免疫学检查。根据诊断检查结果，将受检牛分为病牛、可疑感染牛和假定健康牛3类，并进行隔离。

2．封锁

当发生某些重要传染病（如口蹄疫、炭疽等），或当地新发现的传染病时，除严格隔离病畜外，应立即报请当地政府机关，划定疫区范围，进行封锁，以防疫病向安全区散播和健康牛误入疫区而被传染，把疫病控制在封锁区内，发动群众集中力量就地扑灭。

（五）免疫接种

免疫接种可以使肉牛机体产生特异性抵抗力，让易感牛转成不易感牛，据其进行时机不同，分为预防接种和紧急接种。在经常发生传染病的地区或传染病潜在地区，或受到邻近地区某些传染病威胁的地区，为防患于未然，在平时有计划地给健康畜群进行的免疫接种为预防接种。紧急接种是在发生传染病时，为迅速控制和扑灭疾病的流行，而对疫区和受威胁地区尚未发病的畜禽进行的紧急接种。

（六）药物预防

对尚无疫苗可以利用的疫病，除了加强饲养管理，搞好检疫、诊断、环境卫生和消毒工作外，应用药物预防也是一项重要措施。一般是把安全、价廉的药物，拌入饲料和饮水中进行预防。但要注意，长期使用某些药物易产生耐药性，影响效果，因此需要用药敏试验选择敏感药物来应用，或几种药物交替使用。

（七）尸体处理

患传染病的牛尸体是一种特殊的传染源，因此，及时而正确地处理尸体，在防治传染病和维护公共卫生上具有重要意义。尸体的处理方法有加工利用、掩埋、发酵和焚烧等，这几种方法各有其优缺点，在实际工作中应根据具体情况及条件加以选择。

此外，及时杀灭蝇、蚊、蜱、虻和鼠类等人、畜传染病的传播媒介和传染源，对预防和扑灭牛传染病以及保障人民健康都具有重要意义。

三、肉牛防疫计划

（一）牛场防疫制度的制定

1. 防疫制度编写的内容

① 场址选择与场内布局。

② 饲养管理。饲料、饮水符合卫生标准和营养标准。

③ 检疫。产地检疫、牛群进场前的隔离检疫、牛群在饲养过程中的定期检疫。

④ 消毒。消毒池的设置、消毒药品采购、保管和使用；生产区环境消毒；牛圈舍消毒和牛体消毒，产房的消毒；粪便清理和消毒；人员、车辆、用具的消毒。

⑤ 预防接种和驱除牛只体内、外寄生虫。疫苗和驱虫药的采购、保管、使用；强制性免疫的动物疫病的免疫程序，免疫检测；免疫执照的管理；舍饲、放牧牛只的驱虫时间、驱虫效果。

⑥ 实验室工作。

⑦ 疫情报告。

⑧ 染病动物及其排泄物、病死或死因不明的动物尸体处理。

⑨ 灭鼠、灭虫，禁止养犬、猫。

⑩ 谢绝参观和禁止外人进入。

2. 防疫制度编制注意事项

① 防疫制度的内容要具体、明了，用词准确。如"牛场入口处设立消毒池"、"场内禁止喂养狗、猫"、"利用食堂、饭店等餐饮单位的泔水作饲料必须事先煮沸"、"购买饲料、饲草必须在非疫区"，等等。

② 防疫制度要贯彻国家有关法律、法规。如动物防疫法中规定实施强制免疫的动物疫病、疫情报告、染疫动物及其排泄物、病死或死因不明动物尸体的处理必须列入制度内。

③ 根据生产实际编制防疫制度。大型牛场应当制定本场综合性的防疫制度，规范全场防疫工作。场内各部门可根据部门工作性质，编写出符合部门实际的防疫制度，如化验室防疫制度、饲料库房防疫制度、诊疗室防疫制度等。

（二）牛场防疫计划的编制

1. 防疫计划的编制内容

① 基本情况。简述该场与流行病学有关的自然因素和社会因素。动物种类、数量，饲料生产及来源，水源、水质、饲养管理方式。防疫基本情况，包括防疫人员、防疫设备、是否开展防疫工作等。本牛场及其周围地带目前和最近两三年的疫情，对来年疫情防疫的预测等。

② 预防接种计划。应根据养牛场及其周围地带的基本情况来制订，对国家规定或本地规定的强制性免疫的动物疫情，必须列在预防接种计划内。并填写预防接种计划表（表5-2）。

③ 诊断性检疫计划。其格式见表5-3。

④ 兽医监督和兽医卫生措施计划。包括消灭现有疫病和预防出现新疫病的各种措施的实施计划，如改良牛舍的计划；建立隔离室、产房、消毒池、药浴池、贮粪池等的计划；加强对牛群饲养全程的防疫监督，加强对饲养员等饲养管理人员的防疫宣传教育工作。

⑤ 生物制剂和抗生素计划表。其格式见表5-4。

⑥ 普通药械计划表。其格式见表5-5。

⑦ 防疫人员培训计划。培训的时间、人数、地点、内容等。

⑧ 经费预算。也可按开支项目分季列表表示。

表5-2　20_____年预防接种计划表

单位名称：　　　　　　　　　　　　　　　　　　　　第　　页

接种名称	畜别	应接种头数	计划接种的头数				
			第一季	第二季	第三季	第四季	合计

表5-3　20_____年检疫计划表

单位名称：　　　　　　　　　　　　　　　　　　　　第　　页

检疫名称	畜别	应检疫头数	计划检疫的头数				
			第一季	第二季	第三季	第四季	合计

表5-4 20_____年生物制剂、抗生素及贵重药品计划表

单位名称：　　　　　　　　　　　　　　　　　　　　　　　第　页

药剂名称	计算单位	全年需用量					库存情况		需要补充量					备注
		第一季	第二季	第三季	第四季	合计	数量	失效期	第一季	第二季	第三季	第四季	合计	

表5-5 20_____年普通药械计划表

单位名称：　　　　　　　　　　　　　　　　　　　　　　　第　页

药械	用途	单位	现有数	需补充数	要求规格	代用规格	需用时间	备注

2. 防疫计划编制注意事项

① 编好"基本情况"。要求编制者不仅熟悉本场一切情况，包括现在和今后发展情况。如养殖规模扩大等，更要了解养殖场所在区域与流行病学有关的自然因素和社会因素，特别要明确区域内疫情和本场应采取的对策。

② 防疫人员的素质。根据实际需要对防疫人员进行防疫知识、技术和法律、法规培训，以提高动物防疫人员的素质。条件具备的养殖场，可利用计算机等现代设备，摸你各种情况下的防疫演习，特别是发生疫情时的扑灭疫情演习，使防疫人员能掌握各环节的要领和要求。防疫人员的培训应纳入防疫计划中。

③ 要符合经济原则。制定防疫计划，要考虑养殖场经济实力，避免浪费，如药品器械计划，对一些用量较大的、市场供应紧缺、生产检验周期长以及有效期长的药品和使用率高的器械，适当多做计划，尽量避免使用贵重药械。

④ 要有重点。根据养殖场的技术力量、设备等条件，结合防疫要求，将有把握实施的措施和国家重点防制的疫病作为重点列入当年计划，次要的可以结合平时工作来实施。

⑤ 应用新成果。制定计划要考虑科研新成果的应用，但不能盲目。市场上新型广谱消毒药、抗寄生虫药种类繁多，对那些效果良好又符合经济原则的，应体现在计划中。

⑥ 时间安排恰当。平时的预防必须考虑到季节性、生产活动和疫情的特性，既避免防疫和生产冲突，也要把握灭病的最佳时期。如预防牛肝片吸虫病，在牧区，每年春季先驱虫，再放牧，既起到防治作用，又便于处理粪便；防止粪中的虫卵污染草地，扩散病原。秋收后再驱虫，保证牛能安全过冬。。

四、药物使用规范

（一）不使用禁用药物

为保证牛肉品质和食物安全，维护人民身体健康，肉牛场应严格执行农业部颁布的《食品动物禁用的兽药及其他化合物清单》（表5-6）。

表5-6　食品动物禁用的兽药及其他化合物清单

序号	兽药及其他化合物名称	禁止用途	禁用动物
1	β - 兴奋剂类：克仑特罗、沙丁胺醇、西马特罗及其盐、酯及制剂	所有用途	所有食品动物
2	性激素类：己烯雌酚及其盐、酯及制剂	所有用途	所有食品动物
3	具有雌激素样作用的物质：玉米赤霉醇、去甲雄三烯醇酮、醋酸甲孕酮及制剂	所有用途	所有食品动物
4	氯霉素及其盐、酯（包括：琥珀氯霉素）及制剂	所有用途	所有食品动物
5	氨苯砜及制剂	所有用途	所有食品动物
6	硝基呋喃类：呋喃唑酮、呋喃它酮、呋喃苯烯酸钠及制剂	所有用途	所有食品动物
7	硝基化合物：硝基酚钠、硝呋烯腙及制剂	所有用途	所有食品动物
8	催眠、镇静类：安眠酮及制剂	所有用途	所有食品动物
9	林丹（丙体六六六）	杀虫剂	所有食品动物

（续表）

序号	兽药及其他化合物名称	禁止用途	禁用动物
10	毒杀芬（氯化烯）	杀虫剂、清塘剂	所有食品动物
11	呋喃丹（克百威）	杀虫剂	所有食品动物
12	杀虫脒（克死螨）	杀虫剂	所有食品动物
13	双甲脒	杀虫剂	水生食品动物
14	酒石酸锑钾	杀虫剂	所有食品动物
15	锥虫胂胺	杀虫剂	所有食品动物
16	孔雀石绿	抗菌、杀虫剂	所有食品动物
17	五氯酚酸钠	杀螺剂	所有食品动物
18	各种汞制剂包括：氯化亚汞（甘汞）、硝酸亚汞、醋酸汞、吡啶基醋酸汞	杀虫剂	所有食品动物
19	性激素类：甲基睾丸酮e、丙酸睾酮、苯丙酸诺龙、苯甲酸雌二醇及其盐、酯及制剂	促生长	所有食品动物
20	催眠、镇静类：氯丙嗪、地西泮（安定）及其盐、酯及制剂、	促生长	所有食品动物
21	硝基咪唑类：甲硝唑、地美硝唑及其盐、酯及制剂、	促生长	所有食品动物

另外，农业部第 2292 号公告称，自 2016 年 12 月 31 日起，停止经营、使用用于食品动物的洛美沙星、培氟沙星、氧氟沙星、诺氟沙星 4 种原料药的各种盐、酯及其各种制剂。

（二）严格执行休药期

休药期是指从停止用药到许可屠宰的间隔时间。由于药物在体内的降解速度不一样，每种药物都有相应的休药期。肉牛场必须严格执行休药期，在肉牛上市前必须按规定时间停药（表 5-7）。

表 5-7　部分兽药休药期

药物类别	药物名称	休药期（天）	使用指南
抗微生物	普鲁卡因青霉素	7	肌内注射，2 万~3 万单位 / 千克体重，一日 1 次，连用 2~3 日。1 毫克 =1 011 单位
抗微生物	注射用苄星青霉素	10	肌内注射，3 万~4 万单位 / 千克体重，必要时 3~4 日重复一次
抗微生物	苯唑西林钠	3	肌内注射，10~15 毫克 / 千克体重，一日 2~3 次，连用 2~3 日
抗微生物	氨苄西林钠	15	肌内、静脉注射，10~20 毫克 / 千克体重，一日 2~3 次，连用 2~3 日
抗微生物	硫酸庆大霉素	40	肌内注射，2~4 毫克 / 千克体重，一日 2 次，连用 2~3 日
抗微生物	硫酸新霉素	3	内服，10 毫克 / 千克体重，一日 2 次，连用 3~5 日
抗微生物	盐酸大观霉素	21	内服，仔猪 10 毫克 / 千克体重，一日 2 次，连用 3~5 日
抗微生物	硫酸安普霉素	21	混饲，80~100 克 /1 000 千克饲料，连用 7 日
抗微生物	土霉素	20	静脉注射，5~10 毫克 / 千克体重，一日 2 次，连用 2~3 日
抗微生物	盐酸四环素	5	内服，10~25 毫克 / 千克体重，一日 2~3 次，连用 3~5 日。静脉注射，5~10 毫克 / 千克体重，一日 2 次，连用 2~3 日
抗微生物	盐酸多西环素	5	内服，3~5 毫克 / 千克体重，一日 1 次，连用 3~5 日
抗微生物	吉他霉素	3	内服，20~30 毫克 / 千克体重，一日 2 次，连用 3~5 日
抗微生物	泰乐菌素	14	肌内注射，9 毫克 / 千克体重，一日 2 次，连用 5 日

药物类别	药物名称	休药期（天）	使用指南
抗微生物	磷酸替米考星	14	混饲，200~400 克 /1 000 千克饲料
抗微生物	硫酸黏菌素	7	内服，仔猪 1.5~5 毫克 / 克体重。混饲，仔猪 2~20 克 /1 000 千克饲料。混饮，40~100 克 / 升水
抗微生物	硫酸多黏菌素 B	7	肌内注射，1 毫克 / 千克体重
抗微生物	恩拉霉素	7	混饲，猪饲料中添加量为 2.5~20 毫克 / 千克
抗微生物	盐酸林可霉素	5	内服，10~15 毫克 / 千克体重，一日 1~2 次，连用 3~5 日。混饮，40~70 毫克 / 升水。混饲，44~77 克 /1 000 千克饲料。肌内注射，10 毫克 / 千克体重
抗微生物	延胡素酸泰妙菌素	5	混饮，45~60 毫克 / 升水，连用 3 日。混饲，40~100 克 /1 000 千克饲料
抗微生物	弗吉尼亚霉素	1	NULL
抗微生物	赛地卡霉素	1	混饲，75 克 /1 000 千克饲料，连用 15 日
抗微生物	磺胺氯哒嗪钠	3	内服，首次量 50~100 毫克 / 千克体重，维持量 25~50 毫克 / 千克体重，一日 1~2 次，连用 3~5 日
抗寄生虫	噻苯达唑	30	内服，50~100 毫克 / 千克体重
抗寄生虫	阿苯达唑	10	内服，5~10 毫克 / 千克体重
抗寄生虫	芬苯达唑	5	内服，5~7.5 毫克 / 千克体重
抗寄生虫	奥芬达唑	21	内服，4 毫克 / 千克体重
抗寄生虫	氧苯达唑	14	内服，10 毫克 / 千克体重
抗寄生虫	氟苯达唑	14	内服，5 毫克 / 千克体重。混饲，30 克 /1 000 千克饲料，连用 5~10 日

（续表）

药物类别	药物名称	休药期（天）	使用指南
抗寄生虫	非班太尔	10	内服，20 毫克 / 千克体重
抗寄生虫	硫苯尿酯	7	内服，50~100 毫克 / 千克体重
抗寄生虫	左旋咪唑	28	皮下、肌内注射，7.5 毫克 / 千克体重
抗寄生虫	噻嘧啶	1	内服，22 毫克 / 千克体重
抗寄生虫	精致敌百虫	7	内服，80~100 毫克 / 千克体重
抗寄生虫	哈乐松	7	内服，50 毫克 / 千克体重
抗寄生虫	伊维菌素	18	皮下注射，0.3 毫克 / 千克体重
抗寄生虫	阿维菌素	18	内服，0.3 毫克 / 千克体重
抗寄生虫	多拉菌素	24	皮下、肌内注射，0.3 毫克 / 千克体重
抗寄生虫	越霉素 A	15	混饲，5~10 克 /1 000 千克饲料
抗寄生虫	越霉素 B	15	混饲，10~13 克 /1 000 千克饲料
抗寄生虫	哌嗪	0	内服，0.25~0.3 克 / 千克体重
抗寄生虫	枸橼酸乙胺嗪	0	内服，20 毫克 / 千克体重
抗寄生虫	硫双二氯酚	0	内服，75~100 毫克 / 千克体重
抗寄生虫	吡喹酮	0	内服，10~35 毫克 / 千克体重
抗寄生虫	硝碘酚腈	60	皮下注射，10 毫克 / 千克体重
抗寄生虫	硝硫氰酯	0	内服，15~20 毫克 / 千克体重
抗寄生虫	盐霉素钠	0	混饲，25~75 克 /1 000 千克饲料
抗寄生虫	二嗪农	14	喷淋，250 毫克 /1 000 毫升水
抗寄生虫	溴氰菊酯	21	药浴、喷淋，30~50 克 /1 000 升水

（三）注意药物配伍禁忌

有些药物混合使用会降低疗效，甚至产生副作用，为此应注意药物配伍禁忌（表 5-8）。

表 5-8 兽用常用药物配伍禁忌

分类	药物	配伍药物	配伍使用结果
青霉素类	青霉素钠、钾盐；氨苄西林；阿莫西林类	喹诺酮类、氨基糖苷类、（庆大霉素除外）、多黏菌类	效果增强
		四环素类、大环内酯类、庆大霉素	相互拮抗或疗效相抵或产生副作用，应分别使用、间隔给药
		维生素 C、B 族维生素、罗红霉素、维生素 C 多聚磷酸酯、磺胺类、氨茶碱、高锰酸钾、B 族维生素、过氧化氢	沉淀、分解、失败
氨基糖苷类	卡那霉素、核糖霉素、妥布霉素、庆大霉素、大观霉素、新霉素、巴龙霉素、链霉素等	抗生素类	本品应尽量避免与抗生素类药物联合应用，大多数本类药物与大多数抗生素联用会增加毒性或降低疗效
		青霉素类、洁霉素类、TMP	疗效增强
		碱性药物（如碳酸氢钠、氨茶碱等）、硼砂	疗效增强，但毒性也同时增强
		维生素 C、B 族维生素	疗效减弱
	大观霉素卡那霉素、庆大霉素	氨基糖苷同类药物、万古霉素	毒性增强
		四环素	拮抗作用，疗效抵消
		其他抗菌药物	不可同时使用
大环内酯类	红霉素、硫氰酸红霉素、吉他霉素（北里霉素）、泰乐菌素、乙酰螺旋霉素	洁霉素类、麦迪素霉、螺旋霉素、阿司匹林	降低疗效
		青霉素类、无机盐类、四环素类	沉淀、降低疗效
		碱性物质	增强稳定性、增强疗效
		酸性物质	不稳定、易分解失效

（续表）

分类	药物	配伍药物	配伍使用结果
四环素类	土霉素、四环素（盐酸四环素）、金霉素（盐酸金霉素）、强力霉素（盐酸多西环素、脱氧土霉素）、米诺环素（二甲胺四环素）	甲氧苄啶、三黄粉	稳效
		含钙、镁、铝、铁的中药如石类、壳贝类、骨类、矾类、脂类等，含碱类，含鞣质的中成药，含消化酶的中药如神曲、麦芽、豆豉等，含碱性成分较多的中药如硼砂等	不宜同用，如确需联用应至少间隔2小时
		其他药物	四环素类药物不宜与绝大多数其他药物混合使用
氯霉素类	氟苯尼考	喹诺酮类、磺胺类	毒性增强
		青霉素类、大环内酯类、四环素类、多黏菌素类、氨基糖苷类、洁霉素类、B族维生素、铁类制剂、免疫制剂、环林酰胺	拮抗作用，疗效抵消
		碱性药物（如碳酸氢钠、氨茶碱等）	分解、失效
喹诺酮类	砒哌酸、"沙星"系列	青霉素类、链霉素、新霉素、庆大霉素	疗效增强
		洁霉素类、氨茶碱、金属离子（如钙、镁、铝、铁等）	沉淀、失效
		四环素类、罗红霉素	疗效降低
		头孢菌素类	毒性增强
磺胺类	磺胺嘧啶、磺胺二甲嘧啶、磺胺甲噁唑、磺胺对甲氧嘧啶、磺胺间甲氧嘧啶、磺胺噻唑	青霉素类	沉淀、分解、失效
		罗红霉素	毒性增强
		TMP、新霉素、庆大霉素、卡那霉素	疗效增强
	磺胺嘧啶	阿米卡星、氨基糖苷类、利卡多因、普鲁卡因、四环素类、青霉素类、红霉素	配伍后疗效降低或抵消或产生沉淀

（续表）

分类	药物	配伍药物	配伍使用结果
抗菌增效剂	二甲氧苄啶、甲氧苄啶（三甲氧苄啶、TMP）	参照磺胺药物的配伍说明	参照磺胺药物的配伍说明
		磺胺类、四环素类、红霉素、庆大霉素、黏菌素	疗效增强
		青霉素类	沉淀、分解、失效
		其他抗菌药物	与许多抗菌药物用可起增效或协同作用，其作用明显程度不一，使用时可摸索规律。但并不是与任何药物合用都有增效、协同作用，不可盲目合用
抗寄生虫药	苯并咪唑类（达唑类）	长期使用	易产生耐药性
		联合使用	易产生交叉耐药性并可能增加毒性，一般情况下应避免同时使用
	其他抗寄生虫药	长期使用	此类药物一般毒性较强，应避免长期使用
		同类药物	毒性增强，应间隔用药，确需同用应减低用量
		其他药物	容易增加毒性或产生拮抗，应尽量避免合用
助消化与健胃药	乳酶生	酊剂、抗菌剂、鞣酸蛋白、铋制剂	疗效减弱
	胃蛋白酶	中药	许多中药能降低胃蛋白酶的疗效，应避免合用，确需与中药合用时应注意观察效果
		强酸、碱性、重金属盐、鞣酸溶液及高温	沉淀或灭活、失效

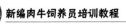

（续表）

分类	药物	配伍药物	配伍使用结果
	干酵母	磺胺类	拮抗、降低疗效
	稀盐酸、稀醋酸	碱类、盐类、有机酸及洋地黄	沉淀、失效
	人工盐	酸类	中和、疗效减弱
	胰酶	强酸、碱性、重金属盐溶液及高温	沉淀或灭活、失效
	碳酸氢钠（小苏打）	镁盐、钙盐、鞣酸类、生物碱类等	疗效降低或分解或沉淀或失效
		酸性溶液	中和失效
平喘药	茶碱类（氨茶碱）	其他茶碱类、四环素类、喹诺酮类、大环内酯类	毒副作用增强或失效
		药物酸碱度	酸性药物可增加氨茶碱排泄、碱性药物可减少氨茶碱排泄
维生素类	所有维生素	长期使用、大剂量使用	易中毒甚至致死
	B族维生素	碱性溶液	沉淀、破坏、失效
		氧化剂、还原剂、高温	分解、失效
		青霉素类、四环素类、氨基糖苷类	灭活、失效
	维生素C	碱性溶液、氧化剂	氧化、破坏、失效
		青霉素类、四环素类、氨基糖苷类	灭活、失效

（续表）

分类	药物	配伍药物	配伍使用结果
消毒防腐类	漂白粉	酸类	分解、失效
	酒精（乙醇）	氯化剂、无机盐等	氧化、失效
	硼酸	碱性物质、鞣酸	疗效降低
	碘类制剂	氨水、铵盐类	生成爆炸性的碘化氮
		重金属盐	沉淀、失效
		生物碱类	析出生物碱沉淀
		淀粉类	溶液变蓝
		龙胆紫	疗效减弱
	高锰酸钾	挥发油	分解、失效
		氨及其制剂	沉淀
		甘油、酒精（乙醇）	失效
	过氧化氢（双氧水）	碘类制剂、高锰酸钾、碱类、药用炭	分解、失效
	过氧乙酸	碱类如氢氧化钠、氨溶液等	中和失效
	碱类（生石灰、氢氧化钠等）	酸性溶液	中和失效
	氨溶液	酸性溶液	中和失效
		碘类溶液	生成爆炸性的碘化氮

注：① 本配伍疗效表为各药品的主要配伍情况，每类产品均侧重该类药品的配伍影响，恐有疏漏，在配伍用药时，应详查所涉及的每个药品项下的配伍说明。② 药品配伍时，有的反应比较明确，因为记录在案；有的不太明确，要看配伍条件，因配伍剂量和条件不同可能产生不同结果。因此，任何药物相互配伍均有可能因条件不同而产生不同结果，甚至发生与"书本知识"截然不同的结果，使用者在配伍用药时应自行摸索规律，切不可盲目相信

第二节　肉牛舍内环境控制技术

一、温度要求及其控制

（一）牛舍温度要求

牛舍温度对牛体健康和生产力的发挥影响最大，肉牛通过机体热

调节来适应环境的变化。在进行新陈代谢过程中，牛体不断产热，并把热量散发到周围环境中而维持体温的恒定，在适宜的外界温度范围内，可使牛的代谢强度和产热量保持在生理最低水平，这一温度范围就是牛的最适温度区。研究表明，牛的适宜环境温度为 9~21℃，在这个温度范围内，牛的增重速度最快，饲料利用率最高，抗病力最强，饲养效益经济。温度过高，肉牛就会产生不适症，如高温引起肉牛食欲降低，瘤胃微生物发酵能力下降，影响牛对饲料的消化，因热应激抗病力下降，发病率升高；日增重、繁殖力下降；甚至引起热射病。温度过低引起食欲增加，显著增加饲料损耗，饲料转化率、繁殖力下降，引起冻伤等。总的来说，肉牛由于单位体重表面积小、汗腺不发达、饲料在瘤胃发酵产热多，属于喜凉厌热的动物。不同生理阶段的牛因个体差异对环境温度要求不同，各种牛舍要求的温度见表 5-9。

表 5-9 牛舍空气温度参数

牛类别	适宜温度（℃）			饮水温度（℃）	
	最适宜温度	最高	最低	夏季	冬季
育肥牛	10~15	25	3	10~15	20~25
产犊母牛	12~15	25	10	20	20~25
一般母牛	10~15	25	3	10~15	15~25
幼犊	15~18	27	8	15~20	20~25
犊牛	10~12	27	7	15~20	20~25
育成牛	10~15	27	3	10~15	20~25

（二）牛舍温度控制

在生产上，应注意选择适宜地区。牛舍建筑设计时，充分考虑温度控制措施，如屋顶的热阻值要高于墙壁，屋顶保温材料可采用加气混凝土板、玻璃棉、聚苯乙烯泡沫板、聚氨酯板等材料。管理上做好防寒防暑工作，如夏季酷暑季节短时间持续高温对牛的影响很大，应采取必要的降温措施。以下重点介绍降温措施。

1. 喷淋降温系统

这是目前实用且有效的降温方法，将细水滴喷到牛背上，湿润皮肤，利用风扇及牛体的热量使水分蒸发以达到降温的目的。喷淋降温系统包括水路管网、水泵、电磁阀、喷嘴、风扇，以及含继电器在内的控制设备。该系统是以牛舍的温度和湿度为主要控制参数，利用温度和湿度传感器对舍内的相关数据进行采集处理，并利用红外设备确定温度和湿度的调节范围，将传感器和红外设备采集到的信息传送到单片机控制中心，由该中心根据减轻牛热应激所需要的温度、湿度和喷淋时间的要求，输出信号到控制输出模块，控制输出模块按控制信号传输各降温设备所需的电动力，同时实现喷淋风机的交替运行。当牛离开后，喷淋降温系统自动停止工作。

2. 湿帘－风机降温系统

将湿帘蒸发设备与负压机械通风联用的降温技术，一般用于密闭牛舍。该系统主要由风机、湿帘、水泵、循环水池、自动控制器等组成。湿帘－风机的距离以不超过50米为宜，过帘风速为1~2米/秒。通风量的配置方式主要有两种：一种是根据换气次数计算，夏季的换气次数为0.5~1次/分钟；另一种是根据牛的头数和每头牛夏季所需通风量计算，夏季牛的通风量为0.7米³/小时。

3. 绿化、遮阳

绿化是成本最低、效果最好的降温方式。绿化不仅能遮阳、缓解太阳辐射还能改善空气质量、美化环境。研究表明，同一栋舍的东西侧墙，由于西侧有树木遮阳，实际测得的西墙外表面最高温度仅为34.23℃，而东墙外表面最高温度为44.71℃，二者相差约10℃。

二、湿度要求及其控制

（一）牛舍湿度要求

湿度是表示空气潮湿程度的指标，一般用绝对湿度和相对湿度表示，其中相对湿度最常用，是指空气中实际含水汽的克数占同温下饱和水汽克数的百分数。由于牛舍四周墙壁的阻挡，空气流通不畅，使牛舍内空气湿度大于舍外。舍内空气湿度来源于大气湿度（占10%~15%）、肉牛呼吸道和皮肤蒸发的水汽（占70%~75%）和墙壁及

地面等物体的蒸发（占10%~25%）。大气湿度高，肉牛呼吸道和皮肤蒸发的水汽，或排出的粪尿、用水冲刷地面、饮水器漏水等，均会增加潮湿程度，空气的温度升高，也会使蒸发量增大。

空气湿度大可加快微生物特别是病原微生物的繁殖，肉牛容易患皮肤病，建筑物以及设施中木质物体易腐烂，饲料、垫草受潮湿发霉，易引起肉牛呼吸道和消化道的疾病；低温伴随高湿会加快体热的散失，牛易患感冒等呼吸道疾病；高温伴随高湿时会抑制汗水的蒸发和体热散发，使牛体的最适温度区范围变窄，不利于牛体体温的调节，使饲料效率下降。空气过干时，不利于呼吸道的健康。

肉牛对牛舍的环境湿度要求为55%~75%。

（二）牛舍湿度控制

牛舍要建筑在高燥的地方，墙基、地面要设防潮层；加强舍内保温，舍内温度保持在露点温度以上，防止水汽凝结；尽量减少舍内用水；及时将粪、尿、污水排出；保证通风性能良好，将舍内多余水汽排出去，冬季通风和保温是很矛盾的，不容易处理好，应引起高度重视；铺垫草可以有效地防止舍内潮湿，如稻草吸水率324%，麦秸吸水率230%。但必须及时更换。使用垫草对犊牛培育特别重要。

三、有害气体要求及其控制

（一）牛舍有害气体要求

舍内的空气，受牛的呼吸、生产过程和有机物质分解等因素的影响，化学成分与大气差异很大，氮、氧和二氧化碳所占比例发生变化，增添了大气中没有或很少有的成分，主要有氨、硫化氢和甲烷，还有胺、酰胺、硫化物、二氧化硫、乙醇、2-丁酮、3-戊酮、粪臭素等。这些有害气体主要由粪、尿、饲料或其他有机物分解产生，对人和牛有直接毒害作用，阻碍正常生理过程。不良的气味，还会影响人的感觉、情绪和工作效率，从而使生产受到影响。

1. 氨（NH_3）

（1）特性　分子量17.03，比重0.593，容积为1 316毫升/毫克，有刺激性臭味，在水中的溶解度高，0℃时1升水可溶解907克氨，牛舍中氨常被溶解而吸附于潮湿地面、墙壁以及人和牛的黏膜、结膜上。

牛舍中的氨是含氮有机物，如粪尿、垫草等分解产生的。饲喂过量非蛋白氮时，牛嗳气排出的氨量也增加。

（2）对牛的影响　氨溶解在牛的黏膜、结膜上，会引起黏膜充血、水肿，刺激黏膜使其分泌物增多，如流泪、喷嚏、咳嗽，浓度高时引起眼结膜炎、鼻炎、气管炎、肺炎和中枢神经麻痹。吸入肺部，经肺泡进入血液，与血红蛋白结合，破坏血液的运氧功能，引起氨中毒。浓度小、作用时间短时变成尿素排出体外，低浓度氨长期作用，会使牛的体质变弱，抗病力降低，采食量、日增重、生产力下降，引起慢性中毒，不易被发现，危害极大。

（3）限量要求　牛舍空气中氨的限量为 20 毫克 / 米^3，舍内氨浓度大，细菌就多，影响生产和饲料报酬。持续时间越长对健康影响越大。

2. 硫化氢（H_2S）

（1）特性　由含硫有机物质分解产生，如牛采食蛋白质含量高的饲料，或消化不良时由肠道排出大量硫化氢。硫化氢无色、易挥发、恶臭、易溶于水，分子量为 34.09，在标准状态下 1 升的重量为 1.526克。比重大，为 1.19，越接近地面浓度越高。

（2）对牛的影响　硫化氢与钠离子结合生成硫化钠，对黏膜产生刺激，引起眼炎、流泪、角膜混浊、畏光、鼻炎、气管炎；与三价铁结合，影响细胞氧化过程，使组织缺氧，浓度过高引起呼吸中枢麻痹，使牛窒息死亡。长期处于低浓度硫化氢的空气环境中，会感到不舒适，使牛体质变弱，抗病力降低，给生产造成损失。浓度为 20 毫克 / 千克时，丧失食欲，表现神经质。

（3）限量要求　生产中，为确保牛的健康，牛舍空气中硫化氢限量为 8 毫克 / 米^3。

3. 二氧化碳（CO_2）

（1）特性　二氧化碳无色、无臭、略带酸味，分子量 44.01，比重 1.524。标准状态下每升重量为 1.98 克，容积为 0.509 毫升 / 毫克。牛舍中的二氧化碳，不易引起牛中毒，一般用作间接环境指标，二氧化碳含量多说明通风换气不良，各种污染的气体含量多。

（2）对牛的影响　长期处于高二氧化碳环境中，会造成抗病力下降，生活力下降，引发各种疾病。常见于封闭过严的犊牛舍。

（3）限量要求　牛舍空气中二氧化碳限量为 1 500 毫克 / 米³。

不同生理阶段的牛对有害气体的适应性不同，为此应有不同的限量要求。不同生理阶段牛舍有害气体限量要求见表 5–10。

表 5–10　牛舍中有害气体限量要求

项目	二氧化碳 （毫克 / 米³）	氨 （毫克 / 米³）	硫化氢 （毫克 / 米³）
成年牛舍	1500	20	8
犊牛舍	120	10~15	5~8
育肥牛舍	1500	20	8

（二）牛舍有害气体控制

首先，应及时清除牛舍内的粪尿，尽量减少粪尿在牛舍内分解，保持牛舍内空气干燥。氨和硫化氢都易溶于水，舍内潮湿时，会因被溶解而附着在物体上，如牛舍内温度降到露点以下，水汽将在舍内墙壁、天棚处凝结，造成氨和硫化氢大量溶解。当牛舍内变得干燥，温度升高时，它们又挥发出来，污染空气，如果舍内保持适宜的温度和湿度，合理的通风，就能防止有害气体的污染。舍内空气湿度对有害气体的影响见表 5–11。

表 5–11　舍内空气湿度对有害气体的影响

相对湿度	CO_2（%）	NH_3（毫克 / 升）	H_2S（毫克 / 升）
88	0.32	0.51	0.017
86.4	0.25	0.22	0.014
75.4	0.13	0.0088	0.005

其次，保证良好的通风换气。可采取自然通风或机械通风。敞开式牛舍夏季一般采用自然通风，夏季牛舍四周的卷帘拉起后，封闭式牛舍就变成棚室牛舍，自然通风效果好；冬季利用风机进行机械通风，减少有害气体对牛的危害。

四、其他指标要求及其控制

（一）光照

1. 牛舍光照要求

光照对保持牛体生长发育和健康有十分重要的意义。阳光中的紫外线具有强大的生物效应，紫外线照射牛体皮肤，可使皮肤和皮下脂肪中的 7- 脱氢胆固醇转变为维生素 D_3，有利于日粮中钙、磷的吸收和骨骼的正常生长和代谢。此外，紫外线具有强烈的杀灭细菌等有害微生物的作用，牛舍进行阳光照射，可达到消毒之目的，也可增加牛体血液中红、白细胞数量，一定的阳光照射还可引起中枢神经相应部分的兴奋，对肉牛繁殖性能和生产性能有一定的作用。适当的光照，可使育肥肉牛采食量增加，日增重得到明显改善。但应注意到普通（钠）玻璃可阻止紫外线穿入。

一般要求牛舍的采光系数为 1：16，犊牛舍为 1：（10~14）。简单说，为保持采光效果，窗户面积应接近于墙壁面积的 1/4。

2. 牛舍光照控制

建设牛舍时充分考虑牛舍走向。舍饲的双排肉牛舍可采取南北走向，使每排牛每日均有阳光照射的机会。其优点是两排牛床的温度变化相接近，日增重均匀，缺点是夏天舍内较热，不利于防暑。东西走向的牛舍，可增加采光系数，尽可能使阴面牛床获得光照，优点是有利于夏天防暑，但冬天南排牛床较北排温度高，造成两排饲喂效果有差别。合理设计可避免该现象的发生。如采用钟楼式或半钟楼式设计时，调整牛舍后墙高度和钟楼的高低，可达到采光的最优效果。

（二）气流（风）

1. 牛舍气流要求

空气流动就是风，是由于空气气压不同而形成，即牛体散热使周围一层空气加热而上升，再由其他冷空气流进。气流有利于肉牛体的散热。适当空气流动可以保持牛舍空气清新，维持牛体正常的体温。在炎热的条件下，气温低于皮温时，气流有利于对流散热和蒸发散热，因而对肉牛有良好的作用。冬季，气流会增强肉牛的散热，加剧寒冷的有害作用。气流能保持舍内空气组成均匀。即使在寒冷的条件下，

舍内保持适当的气流，不仅可以使空气的温度，湿度和化学组成保持均匀一致，而且有利于将污浊的气体排出舍外。但要防止气流形成贼风，以免肉牛体局部受冷，引起关节炎、神经炎、冻伤、感冒等疾病。

牛舍内气流速度以 0.2~0.3 米/秒为宜，犊牛舍气流速度取低值，其他牛舍可取高值。气温超过 30℃时，气流速度可提高到 0.9~1 米/秒，以加快降温。

2. 牛舍气流控制

牛舍气流的控制及调节，除受牛舍朝向与主风向进行自然调节以外，还可人为进行控制。如夏季通过安装电风扇等设备改变气流速度，冬季寒风袭击时，可适当关闭门窗，牛舍四周用篷布遮挡，使牛舍空气温度保持相对稳定减少牛只呼吸道、消化道疾病。

（三）噪声

1. 牛舍噪声要求

自然界的声音无处不在，当声音过大、持续时间过长、超过一定限度时，就成为噪声。噪声从生物学观点看，凡是人们不需要的，令人烦躁的声音，统称为噪声。从物理学观点看，是指频率杂乱无章，没有规律的声音。噪音强度用声级表示，声级的单位是贝尔，1/10 贝尔称作 1 分贝。牛舍内的噪声可由外界传入，如飞机、汽车、拖拉机、雷鸣等；舍内机械产生，如风机、真空泵、除粪机、喂料机等；肉牛本身产生，如鸣叫、走动、采食、争斗等。

当有噪声时，则影响肉牛的反刍、休息和采食，能影响牛的繁殖、生长、增重和生产力，并能改变牛的行为，并最终影响生产性能的发挥。

牛舍噪声要求控制在 75 分贝以下。一般白天不能超过 75 分贝，夜间不超过 50 分贝即可。

2. 牛舍噪声控制

生产实际中，噪声总是不可避免的，当噪声不大时，一般不必多虑，当噪音过大，如达到 75 分贝以上，应隔离噪声。首先，牛场选址远离噪声源。其次，采用噪声控制装置。目前生产中常在房间表面装吸声材料，一类是多孔材料，如玻璃棉、泡沫塑料等，另一类是共振吸声结构或装消声器，如微孔板消声器，使用效果好。或采用隔声罩。

或在振动源和它的基础间，安装弹性隔振结构，如装减振器等。第三，牛场采用隔音屏障，如用白桦树和松林带间种数行效果最好。

（四）灰尘与微生物

1. 灰尘

（1）牛舍灰尘要求　牛舍内的灰尘，由大气带进一部分，大部分是由饲养管理工作引起的。如打扫牛圈，分发干草，粉碎饲料，翻动垫草，都会使灰尘大量增加，尤其是封闭舍中，灰尘含量很高。

牛舍中的灰尘对牛的影响很大。如果大量灰尘落在眼结膜上，会引起灰尘性结膜炎。大于 10 微米的灰尘，一般被阻留在鼻腔，5~10 微米灰尘可达支气管，5 微米以下可达细支气管。灰尘中夹杂的病源微生物能引起上呼吸道系统感染。灰尘落在牛体表，可与皮脂腺的分泌物、细毛、皮屑及微生物混在一起，黏结在皮肤上，使皮肤发痒以致发炎，引起皮脂腺、汗腺堵塞，皮肤变得干燥脆弱，体热调节被破坏，影响增重和产肉。

生产中对灰尘表示方法有：一是可吸入颗粒物（PM10），即空气动力学当量直径小于 10 微米的颗粒物。二是总悬浮颗粒物（TSP），即空气动力学当量直径小于 100 微米的颗粒物。一般要求牛舍内每立方空气中 PM10 应小于 2 毫克，TSP 应小于 4 毫克。

（2）牛舍灰尘控制　为减少灰尘，可在牧场周围种植防护林带，场内种树、作物或牧草；粉碎饲料和干草，或堆放干草的场地都要远离厩舍，饲喂时动作要轻；清扫畜舍，翻动和更换垫草，要求牛不在舍内时进行，特别是发霉干草、秸秆的翻动，会使大量霉菌孢子在空气中飞散，严重影响牛与工作人员的健康，以致患难以治疗的霉菌性肺炎；要保证畜舍内通风性能良好，进气管可安装除尘器；尽可能利用避免尘埃的先进工艺、材料和设备。

2. 微生物

空气本身对微生物的生存是不利的，因为空气一般比较干燥，同时缺乏营养物质，而且太阳光线中的紫外线具有杀菌能力，但是空气中夹杂着大量的水滴和灰尘，微生物可附着在它们上面而生存，所以空气中微生物的数量，同灰尘的多少直接相关。牛舍中的微生物随空气中灰尘的增多而增加。牛舍中的微生物远比大气中多，其主要原因是，牛舍内有机性灰尘多，有利于微生物的附着、繁殖和生长。牛舍内又没有紫外线，不能杀伤微生物。牛舍空气中微生物的来源，除灰尘外，还有牛粪便的蒸发，被毛的散失等。如牛的喷嚏造成大量飞沫和水滴，经蒸发后，留下较小的滴核，直径仅 1~2 微米，重量轻，能长期悬浮在空气中，飞沫核由唾液中的黏液素、蛋白质和盐类组成。因此，微生物能附着在滴核内并有蛋白质和黏液保护，不容易受到干燥空气和其他因素的影响，故能长期生存。这些滴核进入支气管的深处和肺泡，对人和牛的危害都很大。生产过程往往产生大量的灰尘，微生物的量相应也增多。据测定在一般情况下，每立方米空气有 100 万个细菌。工作时则有 1 000 万 ~1 400 万个细菌，高出 10 倍以上。

灰尘上附着的微生物可传播疾病。病源微生物附着在灰尘上对牛造成的传染，叫灰尘性传染。附着在飞沫上的传染，叫飞沫性传染。牛粪便等排出物，干燥后经践踏，风吹或扫动，病源微生物会随灰尘飞扬起来，能飘到很远的地方，造成远距离的传染。如肺结核、牛的传染性胸膜炎以及呼吸道系统疾病的传染，主要是通过飞沫传播感染的。例如，一头患结核病的牛可迅速使全舍牛受到污染。

预防微生物对生产的危害，应尽量减少牛舍内的灰尘和飞沫，尤其是全封闭式牛舍，牛头数多，密度大时更应注意。要建立严格的防疫制度，定期进行防疫注射，最好采用牛的全进全出制，即使是粗放条件下饲养，也能采用全进全出制，这样可进行全面消毒，便于饲养管理。

第三节　肉牛场粪污无害化处理技术

一、肉牛场清粪方式

肉牛场的清粪方式取决于该场肉牛的饲养管理方式，而肉牛饲养方式分为拴系式、散栏式和放牧与舍饲相结合等方式。利用舍饲育肥的肉牛场每天排粪尿量很大，污水也很多。如果不及时清除，对牛舍内的空气质量影响很大。目前采用的清粪方式主要有机械清粪、水冲清粪和人工清粪 3 种。

（一）机械清粪

适用于跨度较大的牛舍，一般牛舍跨度在 20~27 米，清粪时可以保证机械设备的进入。

对于粪尿分离，粪便呈半干状态时，可采用刮粪板设备进行粪便清除，连杆刮板式适用于单列牛床；环形链刮板式适于双列牛床；双翼形推粪板式适于舍饲散栏饲养牛舍。

为便于机械清粪，通常在牛舍中设置污水排出系统。尿液及污水经排水系统流入粪水池贮存，固体粪便由机械运至堆粪场。排水系统由排尿沟、水漏、地下排出管道及粪水池组成。

1. 排尿沟

排尿沟设置在牛床的后端，且牛床应有 1.5%~2.5% 的坡度向排尿沟倾斜，排尿沟的宽度为 32~35 厘米，若是明沟的深度为 5~8 厘米，那么暗沟其沟底应有 0.5%~1.5% 的纵向坡度。

2. 水漏

水漏是排尿沟衔接地下排水管的部分，其深度不大于 15 厘米。为防止粪草落入堵塞，上面应用铁箅子。

3. 地下排水管

要保持 3%~5% 的坡度以便尿液及污水流入粪水池，距离较远时坡度 0.5%~1.5% 即可，中途应设检查井。

4. 粪水池

设在牛舍外下风向地势较低的地方，根据饲养头数，按贮积 20~30 天，容积 20~30 米^3 修建。

（二）水冲清粪

采用水冲清粪方式需要漏缝地面，这种清粪系统由漏缝地面、粪沟和粪水池组成。

1. 漏缝地面

一般由混凝土制成，缝隙宽度 4~4.5 厘米，固体粪便被牛踩入沟内，少量残粪用水冲洗。

2. 粪沟

根据漏缝地面的宽度而定，深度为 0.7~0.8 米，倾向粪水池的坡

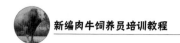

度 0.5%~1%。

3. 粪水沟

在牛床和通道之间设置粪尿沟，粪尿沟要求不渗漏和壁面光滑，沟宽 30~40 厘米，深 10~12 厘米，坡度 1%~2%。

（三）人工清粪

一般采用铁锹、手推车、笤帚等工具，劳动强度较大，但设备投入低。

二、肉牛场固体粪便处理

（一）自然腐熟堆肥

它是指采用传统的手工操作和自然堆积方式，在好氧条件下，微生物利用粪便中的营养物质在适宜的 C/N 比、温度、通气量和 pH 等条件下大量生长繁殖，通过微生物的发酵作用，高温杀死粪尿中的疫源微生物和寄生虫及卵，将对环境有潜在危害的有机质转变为无害的有机肥料的过程，同时达到脱水、灭菌的目的。在这种过程中，有机物由不稳定状态转化为稳定的富含 N、P、K 及其他微量元素腐殖质物质。方法是将粪便经过简单处理堆成长、宽、高分别为 10~18 米，2~5 米，1.5~2 米的长方形垛，在 20℃、15~20 天的腐熟期内，将垛堆翻倒 1~2 次，静置堆放 3~5 个月即可完全腐熟。这是处理肉牛牛粪的传统方法，其成本低廉，处理方式简单，但是时间长，占地面积大，易污染水体。

（二）人工生物发酵

在粪便中加入微生物复合活菌和辅料，搅拌均匀，控制水分含量在 55%~65% 的范围内，然后将湿粪迅速装入池中踏实，用塑料膜封严，在厌氧条件下发酵，一般气温在 5~10℃需要 10~15 天，气温在 10~20℃需要 6~10 天，超过 20℃需 3~5 天。

（三）利用昆虫分解

先将粪便与秸秆残渣混合后堆沤腐熟，再将其按一定厚度铺平，然后放入蚯蚓、蝇、蜗牛或蛆使其繁殖，最终达到既能处理粪便又能生产动物蛋白质的目的。经过处理后的粪便残渣富含无机养分，是种植的好肥料。同时，每平方米培养基的粪便可收获鲜蚯蚓 1.5 万 ~2 万条，重量为 30~40 千克，效益显著。

（四）自然干燥

在晴天将鲜粪摊在塑料布上或直接摊在水泥地上，经常翻动，利用太阳光对其进行干燥杀菌，为 30~40 天便可完成干燥过程。此法投资小、易操作、成本低，但存在受天气及季节影响大，对环境也有较大污染，且具有占地面积大、处理规模小、生产效率低、不能彻底灭菌等缺点。

（五）机械干燥

目前使用的有干燥机和微波干燥等。

干燥机多为回转式滚筒，可将高达 70%~80% 含水量的粪便直接烘干至 13% 的安全贮藏水分。一般将脱水后的粪便加入干燥机后，在滚筒内抄板器翻动下均匀分散与热空气充分接触，加快干燥。不受季节、时间影响，可连续、大批量生产，干燥效率高、灭菌除臭效果好，能保留牛粪中的养分，同时达到除杂草、减少环境污染等效果。此法操作简单、便于保养；占地面积小，但一次性投入大，能耗大，处理时易产生恶臭。

微波干燥是将牛粪倒入大型微波设备，在微波产生的热效应下，使牛粪中的水分蒸发，达到干燥、灭菌的效果。但对原料含水量要求高、能耗大，投资、处理成本高。

三、肉牛场污水处理

（一）固液分离

牛场排放出来的废水中固体悬浮物含量高，相应的有机物含量也高，通过固液分离可使液体部分的污染物负荷量大大降低。通过固液分离可防止较大的固体物进入后续处理环节，防止设备的堵塞损坏等。此外，在厌氧消化处理前进行固液分离也能增加厌氧消化运转的可靠性，减小厌氧反应器的尺寸及所需的停留时间。

固液分离技术一般包括：筛滤、离心、过滤、浮除、沉降、沉淀、絮凝等工序。目前，我国已有成熟的固液分离技术和相应的设备，其设备类型主要有筛网式、卧式离心机、压滤机以及水力旋流器、旋转锥形筛和离心盘式分离机等。

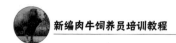

（二）厌氧处理

厌氧处理技术成为养殖场粪污处理中不可缺少的关键技术。对于养殖场这种高浓度的有机废水，采用厌氧消化工艺可在较低的运行成本下有效地去除大量的可溶性有机物，而且能杀死传染病菌，有利于养殖场的防疫。近年来，厌氧消化即沼气发酵技术已被广泛地应用于养殖场废物处理中，到2002年年底我国畜禽养殖场大中型沼气工程数量已经达到2 000余处，是世界上拥有沼气装置数量最多的国家之一。虽然，在我国的沼气工程建设中也不乏失败的例子，工程建设成功率仅为85%，但这一技术不失为解决畜禽粪便污水的无害化和资源化问题的最有效的技术方案。畜禽粪便和养殖场产生的废水是有价值的资源，经过厌氧消化处理既可以实现无害化，同时还可以回收沼气和有机肥料，因此建设沼气工程将是中小型养殖场污水治理的最佳选择。

（三）好氧处理

利用好氧微生物处理牛场废水，可分为天然好氧处理和人工好氧处理两类。

天然好氧生物处理是利用天然的水体和土壤中的微生物来净化废水，主要有水体净化和土壤净化两种。水体净化主要有氧化塘（好氧塘、兼性塘、厌氧塘）和养殖塘等；土壤净化主要有土地处理（慢速渗滤、快速渗滤、地面漫流）和人工湿地等。这种方法不仅基建费用低，动力消耗少，而且对难生化降解的有机物、氮磷等营养物和细菌的去除率也高于常规处理。缺点主要是占地面积大和处理效果易受季节影响等。

人工好氧生物处理是采取人工强化供氧以提高好氧微生物活力的废水处理方法。该方法主要有活性污泥法、生物滤池、生物转盘、生物接触氧化法、序批式活性污泥法（SBR）、厌氧/好氧（A/O）及氧化沟法等。一般接触氧化法和生物转盘处理效果优于活性污泥法，中等规模的养殖场可选择这种方法。

四、肉牛场粪污利用

（一）生产沼气

利用固液分离技术把粪渣和污水分开，粪液经过进一步净化处理达标排放或用于发酵沼气。沼气供生活使用或发电，沼液供农业灌溉、浸种、杀虫或养鱼；粪渣经过发酵、加工制成有机肥。这样不仅使粪污得到净化处理，而且可以获得沼气，排放的废渣和废液还可用于农业生产，减少化肥、农药的使用量，使粪渣、沼液得到充分利用。

（二）高温堆肥

牛粪堆肥发酵可有效处理牛场废弃物，且在改良土壤和绿色食品生产方面发挥着重要作用。但普通堆肥发酵在牛粪降解过程中会产生有害气体，如氨、硫化氢等，对大气构成威胁。因而，牛粪便须经无害化处理后再适度用于农田。无害化处理最常用的方法是高温堆肥，即将粪便堆积，控制相对湿度为 70% 左右，形成发酵的环境，微生物大量繁殖，有机物分解为能被植物吸收利用的无机物和腐殖质，抑制臭气产生，同时发酵的高温（50~70 ℃）可杀灭病原微生物、寄生虫卵、杂草种子等，达到无害化处理的目的。

（三）循环利用

将牛粪与猪、鸡粪按一定比例制成优质食用菌栽培料，种植食用菌，再将种植食用菌的废渣加工成富有营养价值的生物菌糠饲料。多次重复循环利用，不仅治理了牛场的污染，还充分利用了资源，创造出更高的经济效益。

第四节　病死牛无害化处理

肉牛场的病死牛无害化处理主要是指对病牛尸体或其组织脏器、污染物和排泄物等消毒后用深埋或焚烧等方法进行无害化处理的方式，目的是防治病原体传播。

一、深埋

（一）选择地点

应选择地势高燥、远离牛场（100 米以上）、居民区（1 000 米以上）、水源、泄洪区、草原及交通要道，避开岩石地区，位于主导风向的下方，不影响农业生产，避开公共视野。

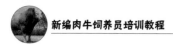

（二）挖坑

1. 挖掘及填埋设备

挖掘机、装卸机、推土机、平路机和反铲挖土机等，挖掘大型掩埋坑的适宜设备应是挖掘机。

2. 修建掩埋坑

掩埋坑的大小取决于机械、场地和所须掩埋物品的多少。深度2~7米，应保证被掩埋物的上层距离地表1.5米以上。宽度应能让机械平稳地水平填埋处理。长度则应由填埋尸体的多少来定。坑的容积大小一般不小于动物总体积的2倍。

（三）掩埋

1. 坑底处理

在坑底洒漂白粉或生石灰，量可根据掩埋尸体的量确定（0.5~2.0千克/米^2）掩埋尸体量大的应多加，反之可少加或不加。

2. 尸体处理

动物尸体先用10%漂白粉上清液喷雾（200毫升/米^2），作用2小时。

3. 入坑

将处理过的动物尸体投入坑内，使之侧卧，并将污染的土层和运尸体时的有关污染物如垫草、绳索、饲料和其他物品等一起入坑。

4. 掩埋

先用40厘米厚的土层覆盖尸体，然后再放入未分层的熟石灰或干漂白粉20~40克/米^2（2~5厘米厚），然后覆土掩埋，平整地面，覆盖土层厚度不应少于1.5米。

5. 设置标识

掩埋场应标志清楚，并得到合理保护。

6. 场地检查

应对掩埋场地进行必要的检查，以便在发现渗漏或其他问题时及时采取相应措施，在场地可被重新开放载畜之前，应对无害化处理场地再次复查，以确保对牲畜的生物和生理安全。复查应在掩埋坑封闭后3个月进行。

（四）注意事项

石灰或干漂白粉切忌直接覆盖在尸体上，因为在潮湿的条件下熟石灰会减缓作用；任何情况下都不允许人到坑内去处理动物尸体。掩埋工作应在现场督察人员的指挥、控制下，严格按程序进行，所有工作人员在工作开始前必须接受培训。

二、焚烧

焚烧法处理病死牛费钱费力，只有在不适合用掩埋法处理尸体时才采用。焚化可采用的方法有：柴堆火化、焚化炉和焚烧窑等，这里主要介绍常用的柴堆火化法。

（一）选择地点

应远离居民区、建筑物、易燃物品，上面不能有电线、电话线，地下不能有自来水、燃气管道，周围有足够的防火带，位于主导风向的下方，避开公共视野。

（二）准备火床

1. "十"字坑法

按"十"字形挖两条坑，其长、宽、深分别为 2.6 米、0.6 米、0.5 米，在两坑交叉处的坑底堆放干草或木柴，坑沿横放数条粗湿木棍，将尸体放在架上，在尸体的周围及上面再放些木柴，然后在木柴上倒些柴油，并压以砖瓦或铁皮。

2. 单坑法

挖一条长、宽、深分别为 2.5 米、1.5 米、0.7 米的坑，将取出的土堆堵在坑沿的两侧。坑内用木柴架满，坑沿横架数条粗湿木棍，将尸体放在架上，以后处理同上。

3. 双层坑法

先挖一条长、宽各 2 米、深 0.75 米的大沟，在沟的底部再挖一长 2 米、宽 1 米、深 0.75 米的小沟，在小沟沟底铺以干草和木柴，两端各留出 18~20 厘米的空隙，以便吸入空气，在小沟沟沿横架数条粗湿木棍，将尸体放在架上，以后处理同上。

（三）焚烧

把尸体横放在火床上，尸体背部向下、而且头尾交叉，尸体放置

在火床上后，可切断四肢的伸肌腱，以防止在燃烧过程中，肢体的伸展。当尸体堆放完毕、且气候条件适宜时，用柴油浇透木柴和尸体。用煤油浸泡的破布引火，保持火焰的持续燃烧，在必要时要及时添加燃料。焚烧结束后，掩埋燃烧后的灰烬，表面撒布消毒剂。填土高于地面，场地及周围消毒，设立警示牌，查看。

（四）注意事项

点火前所有车辆、人员和其他设备都必须远离火床，点火时应顺风向点火。进行自然焚烧时应注意安全，须远离易燃易爆物品，以免引起火灾和人员伤害。运输器具应当消毒。焚烧人员应做好个人防护。焚烧工作应在现场督察人员的指挥、控制下，严格按程序进行，所有工作人员在工作开始前必须接受培训。

三、发酵

此法是将尸体抛入专门的尸体发酵池内，利用生物方法将尸体发酵分解，以达到无害化处理的目的。

（一）选择地点

选择远离住宅、动物饲养场、草原、水源及交通要道的地方。

（二）建发酵池

池深 9~10 米，直径 3 米，池壁及池底用不透水材料制作成。池口高出地面约 30 厘米，池口做一个盖，盖平时落锁，池内有通气管。尸体堆积于池内，当堆至距池口 1.5 米处时，再用另一个池。此池封闭发酵，夏季不少于 2 个月，冬季不少于 3 个月，待尸体完全腐败分解后，可以挖出作肥料，两池轮换使用。

技能训练

牛场防疫制度和防疫计划的编制。

【目的要求】熟悉养牛场防疫制度与防疫计划的编制内容，能根据实际情况，掌握牛场防疫制度和防疫计划的编制技能。

【训练条件】

1. 流行病学调查资料。

2. 预防接种计划表、检疫计划表、生物制剂、抗生素及贵重药品计划表、普通药械计划表、牛免疫程序和药物预防计划表。

【考核标准】

能根据疫情调查结果，有针对性的写出肉牛场疫情预防计划。

思考与练习

1. 肉牛疫病是如何分类的? 建立完整的肉牛卫生防疫体系，应包括哪些主要内容?

2. 简述肉牛舍温度、湿度、有害气体等的控制措施。

3. 简述肉牛场不同清粪方式的具体要求。

4. 对病死牛应如何进行无害化处理?

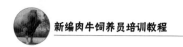
参考文献

[1] 陈幼春 . 现代肉牛生产 [M]. 北京：中国农业出版社，1999.

[2] 黄应祥，张拴林，刘强 . 图说养牛新技术 [M]. 北京：科学出版社，1998.

[3] 刘强 . 牛饲料 [M]. 北京：中国农业大学出版社，2007.

[4] 王聪 . 肉牛饲养手册 [M]. 北京：中国农业大学出版社，2007.

[5] 昝林森主编 . 肉牛饲养技术手册 [M]. 北京：中国农业出版社，2002.

[6] 全国畜牧总站 . 肉牛标准化养殖技术图册 [M]. 北京：中国农业科学技术出版社，2012.